MANUEL ZOOLOGIQUE

Manuel Zoologique

A CONSULTER PENDANT LES COURS & LES TRAVAUX PRATIQUES

PAR

EMIL SELENKA

PROFESSEUR A L'UNIVERSITÉ DE MUNICH

TRADUIT SUR LA QUATRIÈME ÉDITION ALLEMANDE

PAR

Etienne de ROUVILLE

CHEF DES TRAVAUX DE ZOOLOGIE A LA FACULTÉ DES SCIENCES DE L'UNIVERSITÉ DE MONTPELLIER

AVEC UNE PRÉFACE DU

Professeur ARMAND SABATIER

CORRESPONDANT DE L'INSTITUT
DOYEN DE LA FACULTÉ DES SCIENCES DE MONTPELLIER
DIRECTEUR DE LA STATION MARITIME DE CETTE

II
VERTÉBRÉS

AVEC 300 FIGURES

PARIS

VIGOT FRÈRES, ÉDITEURS

23, PLACE DE L'ÉCOLE DE MÉDECINE, 23

1898

AVANT-PROPOS

Ce recueil de croquis est destiné à être *consulté pendant les Cours et les Travaux pratiques.* C'est une collection de dessins, de diagnoses succinctes, aussi bien systématiques que morphologiques ; j'ai l'habitude de les distribuer à mes auditeurs, sur des feuilles séparées, au début de chaque leçon, pour leur faciliter, sans vouloir, bien entendu, leur épargner l'écriture des noms et la reproduction des dessins.

Dans le même esprit, cet opuscule est conçu pour servir de *guide pratique* aux commençants, en leur offrant une réunion de dessins et de notices complémentaires.

Le « *Manuel zoologique* » ne prétend en aucune manière à être complet, ni à remplacer un traité quelconque, mais bien plutôt à en stimuler l'usage.

De temps en temps, quand la matière y donnait lieu, j'ai relevé quelques points de Paléontologie, de Phylogénie, de Physiologie et de Biologie, dans le but d'ébaucher, tout au moins, quelques grands traits de la grandiose évolution du règne animal.

Je n'ai pas reproduit ici les notions de physiologie, d'histologie et d'anatomie humaine qui se trouvent développées dans tous les Cours, et n'ai touché qu'accidentellement aux sujets de la zoologie générale (Etude de la descendance et du Développement, Parasitisme, Histoire de la zoologie, etc.), renvoyant pour cela à la leçon orale ou aux traités spéciaux.

Pour la partie systématique, j'ai pris pour guide, principalement, le « *Traité de zoologie* » de *Richard Hertwig* ; j'ai utilisé les livres et les travaux de : *Wiedersheim, von Zittel, Lang, Korschelt et Heider, Cuvier, Ludwig, Hatschek et Cori, Fleischmann, Steinmann et Dœderlein,* et autres auteurs.

Les dessins à la plume, dont une centaine environ sont originaux, ont été faits par M. Fiebiger ; leur transport sur zinc est dû à la maison *Meisenbach, Riffarth et Cie* de Munich.

Les *feuilles blanches* qui se trouvent à la fin de chacun des fascicules peuvent être détachées pour être collées dans le corps du livre, aux endroits où l'espace laissé en blanc pour les Notes ne suffirait pas.

Dr EMIL SELENKA,
Professeur à Munich.

TABLE DES MATIÈRES DU IIᵉ FASCICULE

Vertébrés.

Chordés.

Le système nerveux central est représenté par un tube dorsal au-dessous duquel se trouve un cordon axial solide appelé *Notocorde* ou *Corde dorsale* ; le corps est segmenté.

I. Tuniciers. Marins. La région caudale seule présente une segmentation ; c'est dans cette région qu'est localisée la notocorde. Le cœur, ventral, est un sac ouvert à ses deux extrémités. Une enveloppe cellulosique, la *Tunique*, entoure tout le corps.

II. Leptocardiens. Marins. Le corps entier est segmenté ; il est parcouru dans toute sa longueur par la corde dorsale. Appareil vasculaire clos.

III. Vertébrés Une colonne vertébrale avec ses appendices : côtes, etc. deux paires de membres au plus ; deux ceintures ; un cerveau et un crâne.

Animaux habitant l'eau ou les stations humides ; respiration *branchiale*. Corde dorsale persistante. Les œufs se développent dans l'eau ou dans les endroits humides : aussi ne possèdent-ils ni Amnios, ni Allantoïde. **Anamniens** (*Ichthyopsidés*)

Animaux aquatiques. Des branchies ; rarement des poumons. Nageoires médianes et nageoires paires. La tête est immobile. Des écailles calcaires constituent un squelette dermique. Un cœur simple . . . . *Poissons.*

Dans l'eau douce ou les stations humides. La respiration est : 1) branchiale, souvent dans le jeune âge seulement, ou persistante ; 2) pulmonaire et 3) cutanée ; la peau est généralement nue. 2 condyles occipitaux. La partie libre des membres pairs constitue un système de leviers à plusieurs bras. Généralement, il existe 4 doigts en avant et 5 en arrière. Une vertèbre sacrée. Cœur avec deux oreillettes et un ventricule. Œufs nus ; se développent dans l'eau, en général avec métamorphoses . . . . . *Amphibiens.*

Respiration exclusivement pulmonaire. Le mésonéphros est devenu un organe embryonnaire. La corde dorsale disparaît. Les œufs des Sauropsidés possèdent une coque ; ils se développent en dehors du corps de la mère ; deux organes embryonnaires : l'Allantoïde et l'Amnios apparaissent, jouant : le premier, le rôle d'un organe respiratoire ; le second, celui d'un milieu de flottement ; les deux, à titre d'organes ancestraux, même chez les Mammifères. **Amniotes ou Allantoïdiens.**

Un seul condyle occipital. Maxillaire inférieur articulé avec l'os carré. Mono - et polyphyodontes(1). Œufs avec une coque ; Ovipares. **Sauropsidés.**

La peau forme des écailles. Le ventricule n'est le plus souvent qu'imparfaitement divisé en deux chambres par une cloison. Animaux à température variable. Cerveau petit. Organes périphérique et central de l'olfaction bien développés. . . . . . *Reptiles.*

Les plumes jouent un rôle dans le vol et s'opposent aux déperditions de chaleur. Ventricule divisé en 2 chambres bien distinctes. Echanges organiques très actifs. Animaux à température élevée constante. Poumons avec des sacs aériens. Des yeux grands. Centres optiques très développés . . . . *Oiseaux.*

Respiration aérienne au moyen de poumons pairs. Circulation double. Les membres constituent des leviers à plusieurs bras. Fosses nasales communiquant avec la cavité buccale ; la première fente branchiale fournit la caisse du tympan, la trompe d'Eustache et le conduit auditif externe. Thymus et glande thyroïde.

2 condyles occipitaux. Maxillaire inférieur articulé sur le crâne. 2 ventricules nettement séparés. Muscle *diaphragme*, très important pour la respiration. Diphyodontes. Dents aptes à la mastication ; à température haute constante ; couverts généralement de poils. Les femelles portent des mamelles. Dans l'écorce grise du cerveau, se développent des centres secondaires, sensoriels et d'association. . . . *Mammifères.*

(1) Nous croyons devoir préciser le sens de chacun de ces mots : les *Monophyodontes* sont les animaux qui ne changent pas de dents ; les *Diphyodontes*, ceux qui en changent une fois, et possèdent des dents dites « de lait » ; enfin, les *Polyphyodontes*, ceux chez lesquels le remplacement des dents est illimité. (Note du traducteur.)

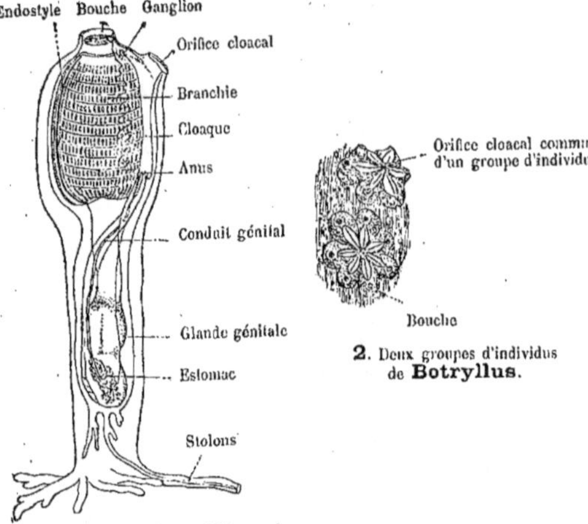

1. Clavellina lepadiformis.

2. Deux groupes d'individus de Botryllus.

Tuniciers.

Hermaphrodites marins avec une moelle épinière, une corde dorsale axiale et un tube digestif ventral : pharynx, transformé en sac branchial, à paroi fenêtrée. Le corps présente une segmentation dans sa région postérieure. Le cœur est ventral ; il possède deux orifices opposés. Le plus souvent, le corps est enveloppé dans une tunique cellulosique.

A côté de la reproduction sexuée, on rencontre très fréquemment la multiplication asexuée (générations alternantes) ; les bourgeons qui prennent alors naissance reçoivent du générateur des éléments empruntés aux trois feuillets ; les vaisseaux sanguins du mésoderme du jeune bourgeon sont en communication avec les vaisseaux du mésoderme du générateur.

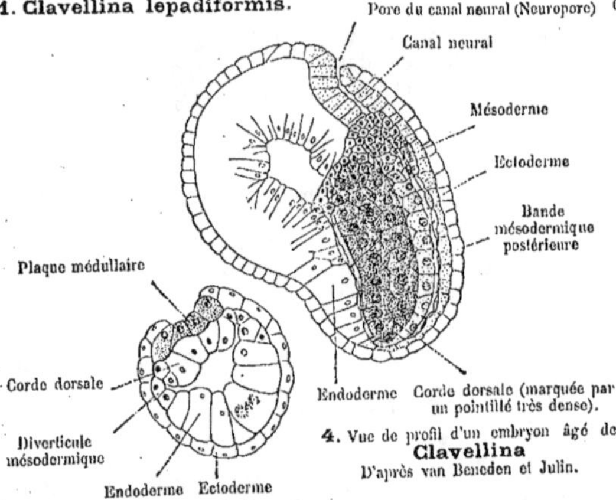

3. *Coupe transversale* de l'embryon de **Clavellina.** D'après van Beneden et Julin.

4. Vue de profil d'un embryon âgé de **Clavellina** D'après van Beneden et Julin.

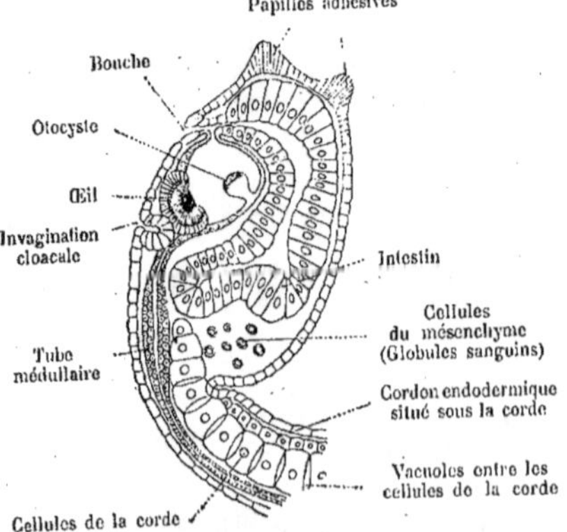

5. Embryon de **Ascidia mamillata** ; vu de profil. D'après Kowalevsky.

1. *Appendiculaires* (Copelatœ, Perennichordes). Formes pélagiques, possédant pendant toute leur existence une corde dorsale et un appendice caudal qui sert à la natation. Tunique non permanente. Anus ventral débouchant directement au dehors. — **Oikopleura. Kowalevskia.**

2. *Ascidiacés*, Ascidies. Les larves nagent d'abord librement ; plus tard, elles se fixent (la queue, la corde et le tube nerveux s'atrophient à ce moment). La tunique est permanente. L'anus dorsal débouche dans la cavité cloacale. **Clavellina** (1, 7-8). **Ascidia** (5-6), Ascidie solitaire. — **Botryllus** (2) et beaucoup d'autres, qui, par le processus du bourgeonnement, forment des colonies. — Les **Pyrosomes**, au corps phosphorescent, doivent être considérés comme des « Synascidies » pélagiques, flottant librement à la surface de la mer. — Le *développement* des *Ascidies* présente de grandes ressemblances avec celui de l'Amphioxus ; toutefois, certains organes s'atrophient dès que la larve s'est fixée (3-8). Les Pyrosomes et les Salpes présentent un développement embryonnaire encore plus modifié ; le développement typique se trouve altéré par suite : 1° de la grande abondance du vitellus nutritif chez les *Pyrosomes*, et 2° des rapports qui existent chez les *Salpes*, par l'intermédiaire d'un placenta, entre l'embryon et la mère.

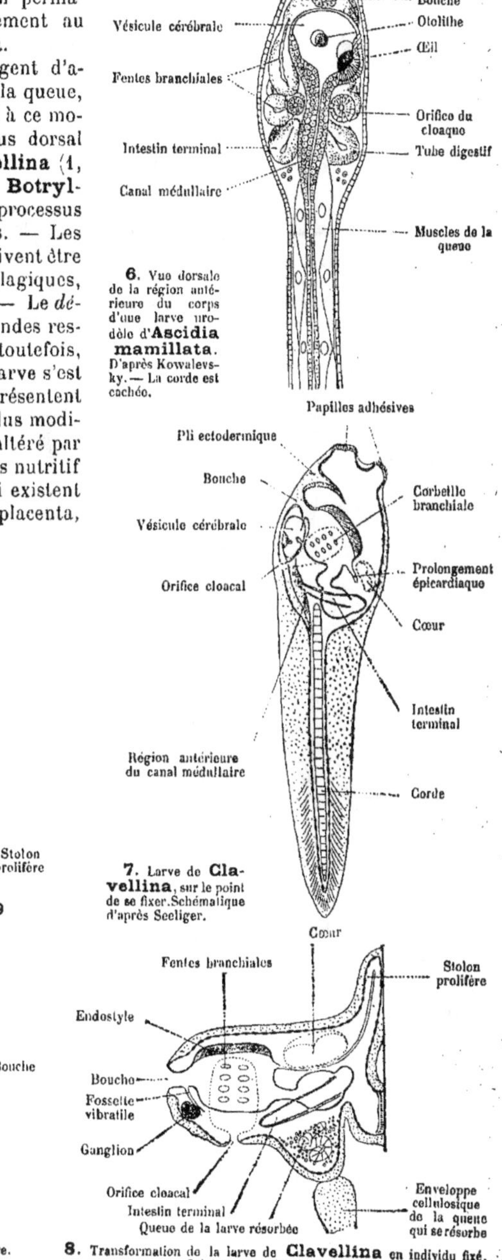

6. Vue dorsale de la région antérieure du corps d'une larve urodèle d'**Ascidia mamillata**. D'après Kowalevsky. — La corde est cachée.

7. Larve de **Clavellina**, sur le point de se fixer. Schématique d'après Seeliger.

8. Transformation de la larve de **Clavellina** en individu fixé. Schématique d'après Seeliger.

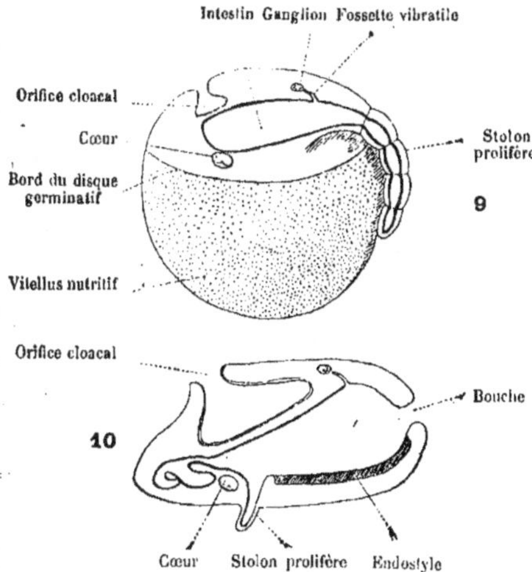

9. Schéma d'un embryon de **Pyrosoma.**

10. Coupe médiane schématique d'une **Salpe** solitaire. Dans Korschelt et Heider.

3. **Thaliacés**, Salpes. Tuniciers pélagiques avec un appendice caudal rudimentaire et une corde dorsale caduque. Tunique permanente, avec une cavité cloacale. Reproduction alternativement sexuée et asexuée (par bourgeonnement). — **Doliolum** présentant des générations alternantes très compliquées. **Salpa** (11-14). Les **Octacnémides** sont des Salpes fixées habitant les grands fonds ; elles ont une forme étoilée, rappelant les Lucernaires.

De l'œuf fécondé naît un embryon qui, au moyen de son placenta, se développe en restant étroitement uni à la paroi de la cavité branchiale de la mère (11 et 12) ; une fois ses organes formés, l'embryon s'échappe alors par l'orifice de sortie et devient libre.

L'appendice caudal de la larve est représenté par l'Eléoblaste, de telle sorte que le corps des Salpes peut être considéré en grande partie comme l'homologue de la région précordale des larves d'Ascidies. Chez les embryons âgés des Salpes, il existe déjà un *Stolon prolifère* (12) sur lequel, par bourgeonnement, naissent de nombreux individus ; ce stolon est une excroissance de l'endostyle. Le stolon prolifère (13 et 14, 8-10) renferme, préformées déjà en lui, les ébauches des organes primaires (intestin, tubes péribranchiaux, tube nerveux, cordon génital) ; ce sont les descendants directs des organes embryonnaires correspondants ; les individus se séparent par étranglements transversaux, et peuvent rester encore longtemps réunis entre eux de manière à constituer une chaîne. La disposition, sur deux rangs, des bourgeons du stolon de la Salpe est le résultat d'un déplacement latéral et d'une rotation simultanée du bourgeon autour de son axe longitudinal.

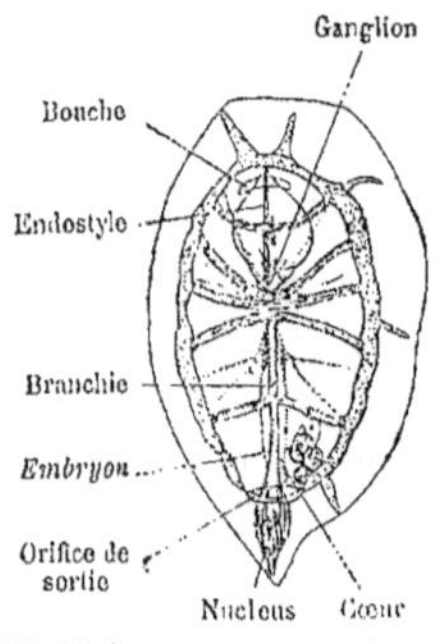

11. Salpa mucronata.

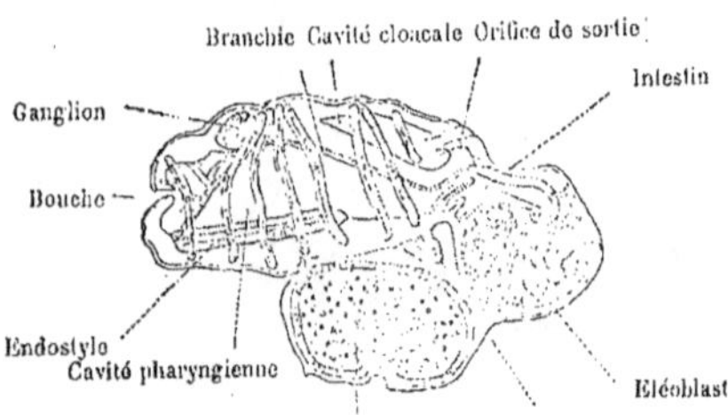

12. *Embryon* de **Salpa democratica.**
D'après Grobben.

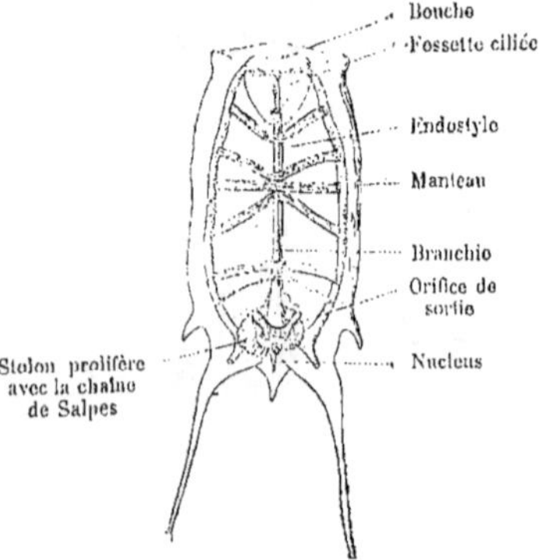

13. Salpa democratica.

14. Extrémité postérieure de
Salpa democratica
(génération asexuelle).
Le stolon prolifère avec la chaîne de jeunes individus (sexués).

Amphioxus

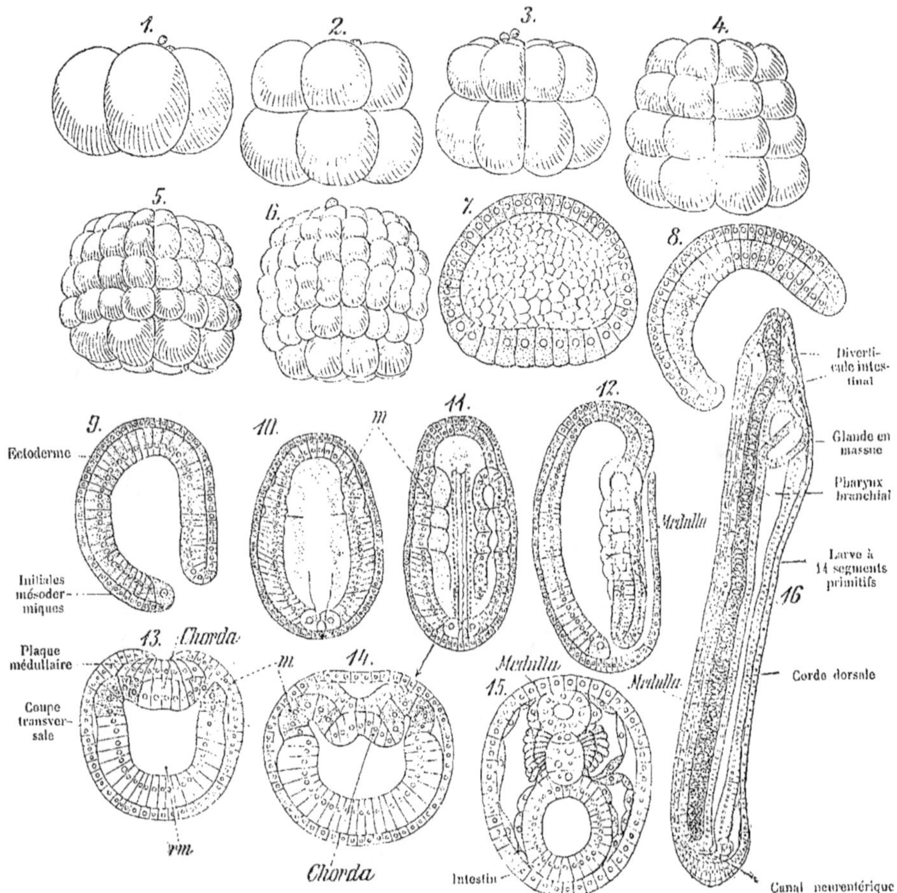

Développement d'**Amphioxus lanceolatus.** (D'après Hatschek.)

1. Quatre Blastomères d'égale taille.
2. Huit Blastomères.
5. 72 Blastomères.
7. Blastula en coupe médiane.
8-9. Coupe longitudinale de la gastrula.
rm. Intestin primitif.
m. Segment primitif.
10. Les segments primitifs commencent à s'isoler de l'intestin primitif.

12. Coupe longitudinale médiane. — Comparez fig. 14.
Medulla = Tube médullaire.
13-15. Coupe transversale ; le Mésoderme est marqué en pointillé.
15. La corde dorsale est située au-dessous du tube médullaire.
16. Larve en coupe médiane sagittale.

LEPTOCARDIENS, ACRANIENS,

Amphioxus.

L'Amphioxus représente le type le plus inférieur des Vertébrés ; il ne possède ni substances conjonctives, ni tissus de soutien (vertèbres, crâne), ni membres pairs, ni canal de l'urèthre, ni organes des sens pairs.

Le tiers antérieur du tube digestif possède de nombreuses fentes branchiales obliques qui le mettent en communication avec la chambre péribranchiale, produite par un repli cutané, et qui débouche au dehors par le pore abdominal. Sur le plancher du pharynx transformé ainsi en un organe respiratoire, se trouve un sillon hypobranchial cilié connu sous le nom d'*endostyle*. — Pas de vrai cœur ; le rôle de ce dernier est joué par les principaux vaisseaux doués de contractilité (veine cave, rameaux de l'artère branchiale). Il n'existe que des globules *blancs*. Les glandes génitales, régulièrement bosselées, sont situées par métamères dans la paroi de la cavité péribranchiale. Les organes excréteurs sont représentés par des entonnoirs également métamériques qui s'ouvrent dans la cavité péribranchiale. L'épiderme ne possède qu'une seule assise de cellules. — **Amphioxus lanceolatus**, Amphioxus, sur les côtes sablonneuses de la mer du Nord, de la Méditerranée et de l'Amérique du Sud.

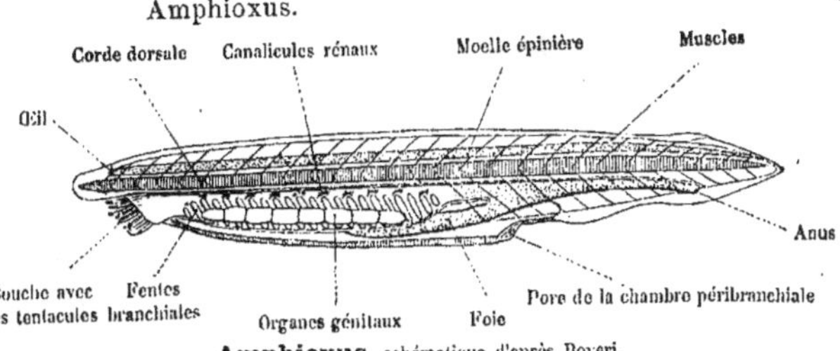

Amphioxus, schématique d'après Boveri.

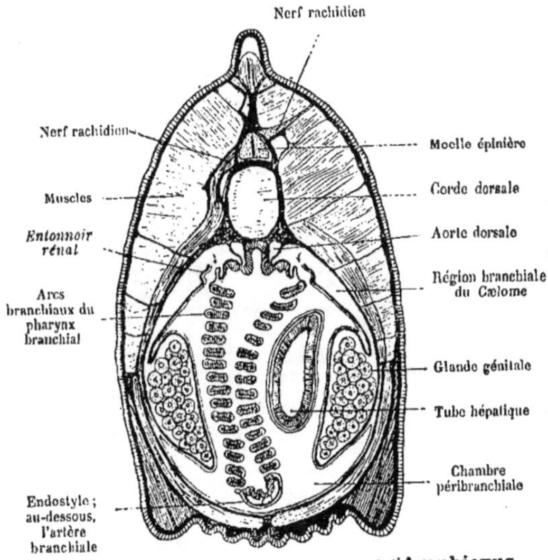

Coupe transversale de la région antérieure du corps de l'**Amphioxus**
D'après Ray Lankaster, Boveri et R. Hertwig.

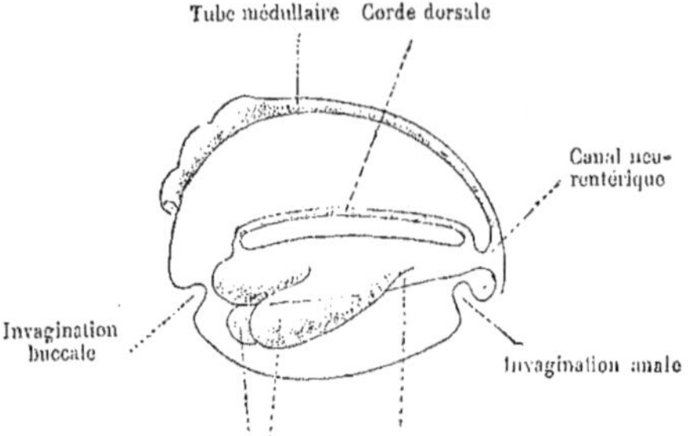

1. Schéma des **organes primitifs d'un Vertébré.**
D'après Selenka.

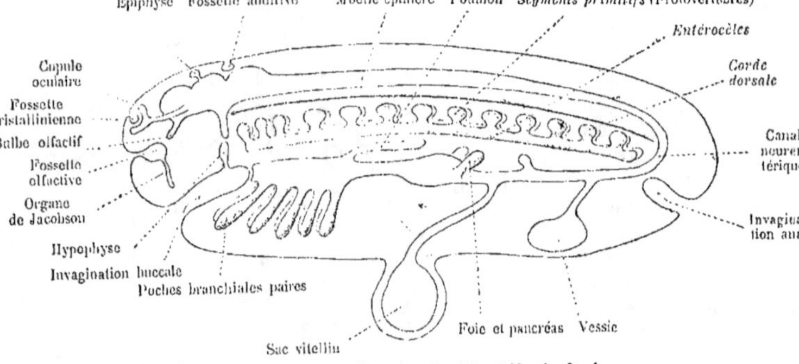

2. Schéma d'un **Embryon de Vertébré, âgé.**
D'après Selenka.

3. Embryon humain âgé de 27 jours environ 6/1. (D'après His.)

Vertébrés.

Pour bien comprendre l'organisation des Vertébrés, il est indispensable de connaître, dans ses grandes lignes, l'histoire de leur développement.

Aux dépens des organes ancestraux essentiels (Epiderme, tube médullaire, entérocèles, protovertèbres, intestin) il se produit déjà chez les Poissons les plus inférieurs de nouveaux systèmes d'organes et de nouveaux organes, qui prennent naissance sous forme de diverticules vésiculaires et tubulaires se détachant à un moment donné.

Ces organes se conservent dans toute la série, et on les retrouve chez les formes les plus élevées ; ils peuvent toutefois présenter des modifications et des réductions dues à des causes physyologiques, c'est-à-dire à des variations de leurs fonctions. Le plan d'organisation est, par suite, le même chez tous les Vertébrés ; on se trouve seulement en présence de différences de détails dans les dispositions ; la signification physiologique de certains organes peut aussi changer, suivant le genre de vie de l'animal et son degré de perfectionnement. C'est ainsi que les nageoires se sont peu à peu transformées en pieds coureurs avec des membres capables d'élever le corps ; de même, un canal branchial est devenu un conduit auditif ; une partie du rein, un canal déférent ; le sac urinaire, chez l'embryon un organe respiratoire ; la vessie natatoire s'est transformée en poumon ; des parties du squelette des arcs branchiaux sont devenues les osselets de l'oreille moyenne, etc.

Les organes demeurent donc ; leurs fonctions seules changent.

Quelques schémas permettent de s'orienter dans les ébauches des principaux systèmes d'organes.

Figure 1. — Aux dépens de l'épiderme embryonnaire, se forme le *tube médullaire*, par rapprochement des deux lèvres de la *gouttière médullaire* ; aux dépens de l'intestin primitif, prend naissance (originellement sous forme d'un diverticule intestinal dorsal) la *corde dorsale* ; ce même intestin primitif produit, en outre, deux sacs mésodermiques (Entérocèles) qui font saillie dans la cavité de segmentation. La corde solide, en forme de tige, et les sacs mésodermiques creux se séparent à un moment donné de l'intestin (comparez page 6, et les figures ci-contre 2,4-5).

Figure 2. — La *segmentation* interne commence ; elle consiste dans la production d'ébauches disposées suivant 2 séries longitudinales de 25 à 100 *segments primitifs* (*Protovertèbres*), et au delà. Ces protovertèbres apparaissent comme des vésicules aux parois épaisses produites par les sacs mésodermiques dont elles finissent par se séparer.

La paroi de chaque segment primitif engendre, sous forme de bourgeons et symétriquement situés à droite et à gauche, les germes tissulaires suivants (v. fig. 6) : un *Sclérotome*, qui devient une demi-vertèbre et un *Myotome*, destiné à fournir les muscles striés ; dans la région intermédiaire entre les segments primitifs et les sacs cœlomiques, prend naissance le *Néphrotome*, ou futur Mésonéphros (rein primitif) (Voir fig. 7).

Cette segmentation interne, accusée tout d'abord par le clivage du système musculaire qui prend son origine dans des ébauches métamériques, devient de plus en plus marquée dans la suite du développement.

Voici quelques exemples de ce fait :

1. Deux moitiés de Vertèbre, entourant la corde, se réunissent pour constituer une bague, la Vertèbre ; ce sont elles qui, en outre, produisent les arcs supérieurs ou *Neurapophyses* qui circonscrivent le tube médullaire, ainsi que des prolongements latéraux, qui s'allongent pour constituer les « Côtes ».

2. Les myotomes se transforment chacun séparément en plaques musculaires, Fig. 7 ;

3. Le tube médullaire engendre des nerfs rachidiens qui sortent, aussi bien à droite qu'à gauche, par l'intervalle laissé libre entre chaque deux neurapophyses. (Comme les racines des nerfs rachidiens se forment déjà au moment où apparaissent les sclérotomes, le nerf reste, dès le début, en relation avec son segment musculaire.)

4. L'intestin antérieur est, lui aussi, soumis à la segmentation, puisque, entre les arcs céphaliques,

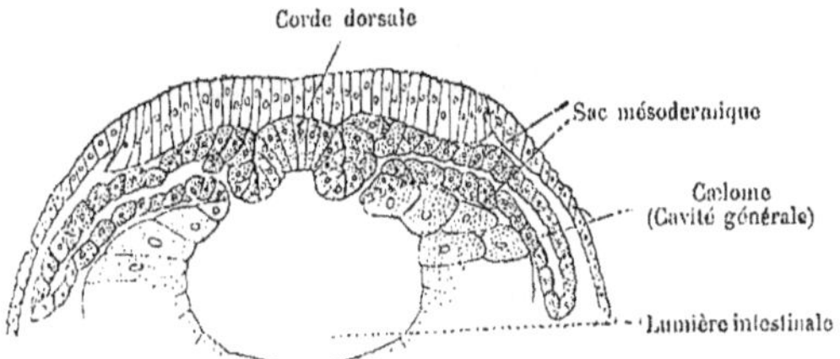

4. *Coupe transversale* d'une larve de **Triton** (Région dorsale). D'après O. Hertwig et Lampert. La corde dorsale et les sacs mésodermiques communiquent encore avec la lumière de l'intestin dont ils proviennent.

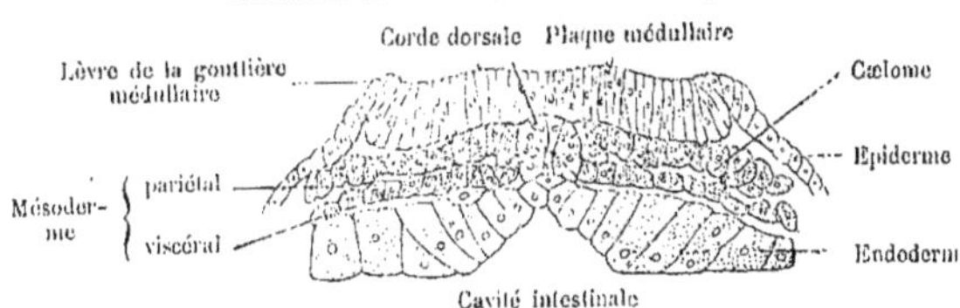

5. Coupe transversale de la région dorsale d'une larve de **Triton** un peu plus âgée, encore dans l'œuf. D'après O. Hertwig. — La corde et les sacs mésodermiques se sont séparés de l'intestin.

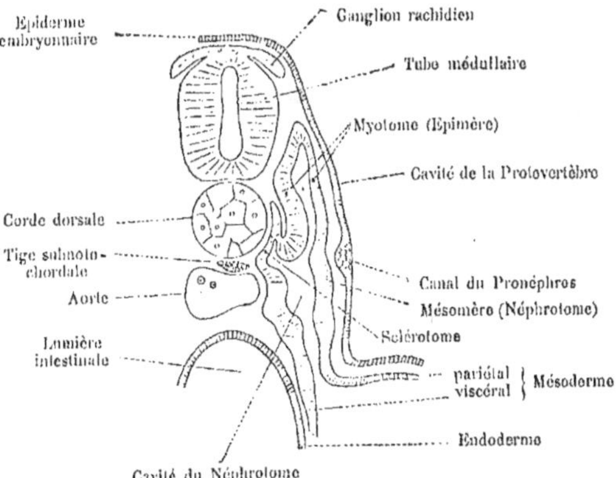

6. Coupe transversale d'un **Embryon** de **Squale**, schématique d'après Rabl.

i) Lumière intestinale.
×× Les mésodermes pariétal et viscéral produisent aussi du Mésenchyme. Les ébauches génitales sont situées en dedans du Néphrotome (obliquement à gauche et à droite sous l'Aorte) ; elles sont vaguement représentées en coupe transversale.

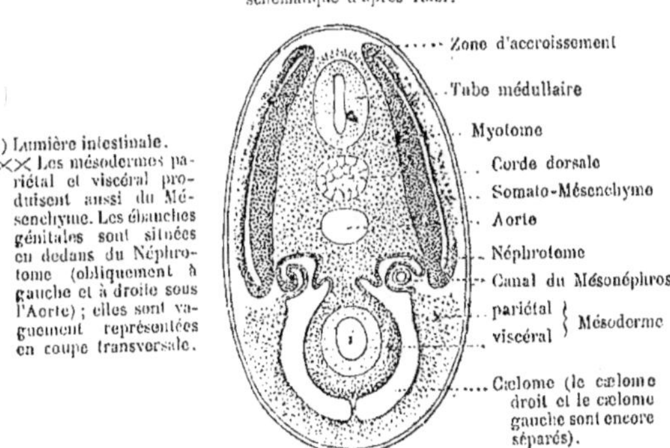

7. Coupe transversale schématique d'un **Embryon** de **Squale**.

il envoie des évaginations latérales qui ont la forme de poches : les poches branchiales. Ces poches disparaissant, il se produit les fentes branchiales qui font communiquer la cavité de l'intestin céphalique avec l'extérieur (fig. 2).

Au contraire, pendant l'ontogénie, l'ébauche primitivement segmentée s'efface plus ou moins dans les *reins* : les canalicules du mésonéphros, en effet, s'entrelacent de manière à former un véritable feutrage.

Les organes génitaux, eux aussi, perdent à un moment donné leur segmentation embryonnaire ; ce fait se produit déjà dans la série des Poissons ; chez les animaux plus élevés, les deux replis germinatifs seuls subsistent.

Du tissu de protection et de rembourrage se forme entre les organes : il consiste en *mésenchyme* produit surtout par la paroi des sacs cœlomiques, et en partie aussi par les myotomes (7). Ce qui subsiste des deux sacs mésodermiques après la séparation des segments primitifs a reçu le nom de *sacs cœlomiques* (7) ; leur paroi externe tapisse la paroi du corps ; et en dedans, ils entourent l'intestin et les organes génito-urinaires ; à l'endroit où ils arrivent en contact l'un avec l'autre, ils forment des membranes qui suspendent ces derniers organes ; ils finissent plus tard par se réunir, leurs cavités se mettent en communication, et la *cavité générale* ou *cœlome* prend ainsi naissance.

Téguments.

La peau est formée par l'*Épiderme*, d'origine ectodermique, stratifié, et par le *Derme*, d'origine mésodermique ; ce dernier est séparé des organes profonds par le tissu conjonctif sous-cutané, lâche et riche en lymphe. L'*épiderme* produit : 1° les écailles, les plaques, les poils, les soies, les plumes, les ongles, les griffes, les sabots ; 2° les glandes qui s'enfoncent, sous forme de tubes, dans le derme ; 3° les appareils lumineux de quelques poissons ; 4° les parties terminales des organes des sens : organes olfactifs, organe statique et organe de l'ouïe, organes latéraux des poissons et des Amphibiens, l'hypophyse, etc. ; 5° la région de l'émail des écailles des poissons et des dents (3). — Aux dépens du *derme*, peuvent se former des éléments protecteurs, tels que les os dermiques et la dentine des dents (Odontoblastes), qui a la même valeur morphologique.

(Voir plus loin les passages du Manuel qui ont trait aux plumes des Oiseaux et aux poils des Mammifères.)

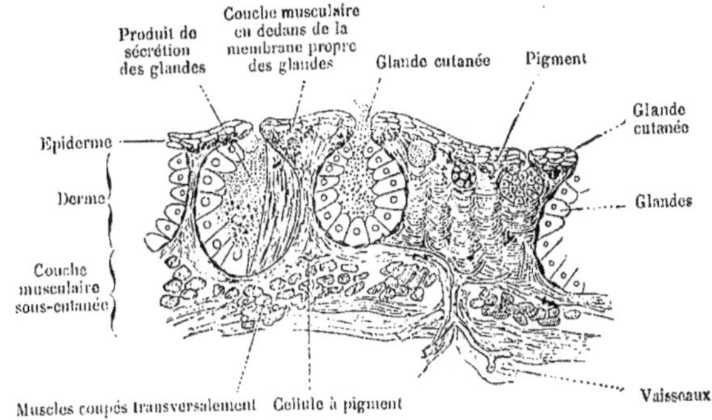

1. Coupe de la peau de Salamandra. D'après Wiedersheim.

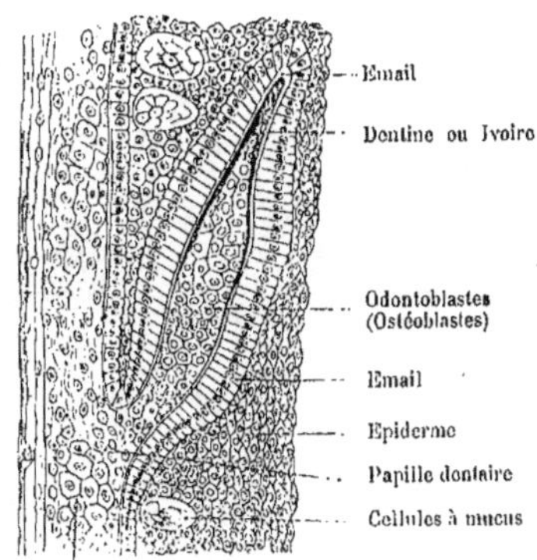

2. Coupe longitudinale du germe déjà âgé d'une **Dent dermique.** — Embryon de Squale. D'après O. Hertwig.

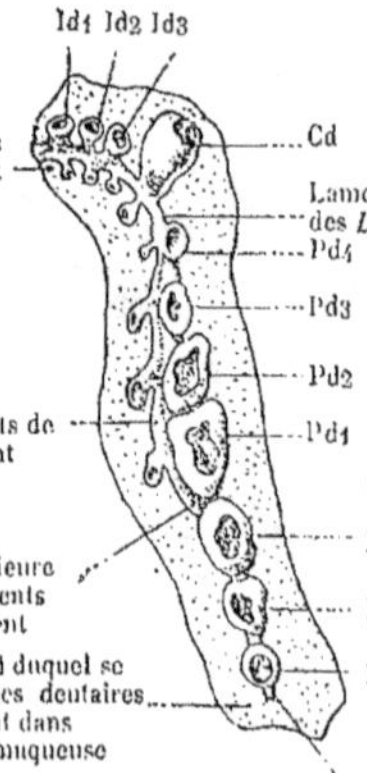

Id1 Id2 Id3

Rangée des dents de remplacement

Cd

Lame de l'émail des *Dents de lait*

Pd4

Pd3

Id1,2,3 = *Incisives*
Cd = *Canine*
Pd1,2,3,4 = *Prémolaires*
M1,2,3 = *Molaires* (dents définitives qui naissent sur la même « lame de l'émail » que les dents de lait antérieures).

Pd2

Pd1

Lame des dents de remplacement

M1

M2

M3

Extrémité postérieure de la lame des dents de remplacement

Épithélium buccal duquel se détachent les lames dentaires qui pénètrent dans le derme de la muqueuse

Extrémité postérieure libre de la lamelle de l'émail

3. Germes de l'émail des ébauches dentaires d'un Mammifère supérieur. — Moitié droite du maxillaire supérieur; schématique. D'après Selenka.

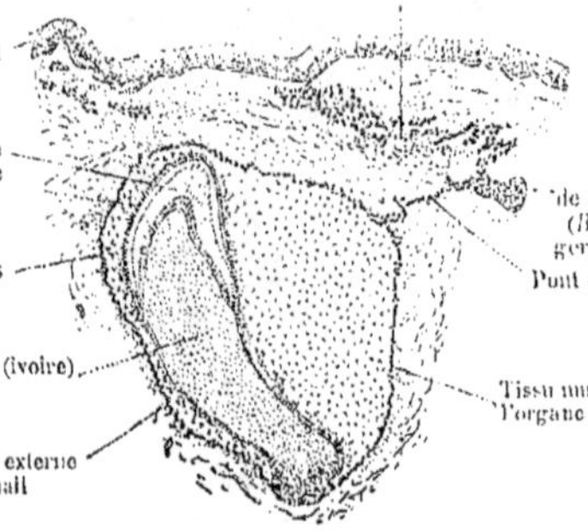

Lamelle dentaire
Sillon dentaire en voie de dissolution

Épithélium buccal

Fibres de la dentine
Épithélium interne de l'émail

Odontoblastes

Germe de la dentine (ivoire)

Épithélium externe de l'émail

Lamelle de remplacement (Bourgeons du germe de l'émail)

Pont d'union

Tissu muqueux de l'organe de l'émail

4. Coupe transversale de la lame dentaire du maxillaire inférieur d'un embryon **humain**; légèrement schématique. D'après Rose.

Surface usée

Fibres de l'émail

Fibres de la dentine

Cément

Noyaux des Odontoblastes

Corpuscules osseux de la couche de cément

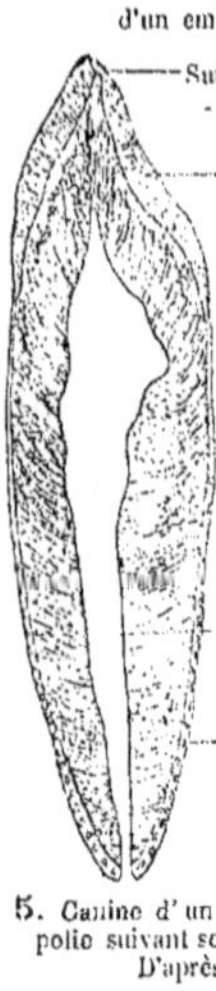

5. Canine d'un **homme** jeune, polie suivant son axe longitudinal. D'après Selenka.

Maxillaire

Dent de remplacement

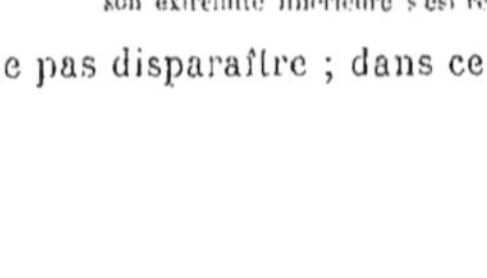

Fragment du maxillaire supérieur osseux d'**Iguana** (Lézard); face interne. D'après Boas.
a. Dent sur le point de tomber; son extrémité inférieure s'est résorbée.

Dents.

La *bouche* a pour origine une invagination des téguments embryonnaires ; aussi n'est-il pas étonnant que l'on voie apparaître dans sa paroi de vraies productions cutanées, telles que glandes, poils, cellules sensorielles, écailles calcaires ; ces dernières prennent dans cette région le nom de *dents*, mais elles présentent néanmoins la même structure typique que, par exemple, les dents dermiques des squales (page 11, fig. 2).

Quelques os de la base du crâne paraissent purement et simplement avoir pour rôle de protéger les dents ; ce sont le Vomer, les os Palatins et les Ptérygoïdes.

L'ectoderme et le mésoderme contribuent à la formation de la dent : le premier donne la matrice de la couronne et engendre *l'émail* ; le second, la dentine ou *ivoire* et le *cément* (Fig. 5).

A l'origine, les *germes dentaires* prenaient naissance distincts les uns des autres, absolument comme les écailles placoïdes des Sélaciens ; cette forme *placoïde*, qui est la plus ancienne, se rencontre encore à l'état d'ébauches rudimentaires chez les Salamandres et les Crocodiles ; elle s'effaça peu à peu et fut remplacée par des *dents disposées en rangées*, et ayant toutes pour origine le même germe, appelé le *germe* ou la *lamelle dentaire* : c'est une lame épithéliale pénétrant dans le derme, et produisant sur son parcours une *rangée* de germes dentaires comparables à des cloches (Fig. 3). Chez les Poissons osseux, les Amphibiens et les Ophidiens, il peut se produire une semblable lamelle sur les os palatins, le vomer, etc. — Chez la plupart des Reptiles, chez tous les Mammifères, la formation des dents est limitée au prémaxillaire, au maxillaire et à la mâchoire inférieure.

Comme les plaques dermiques, les dents, elles aussi, sont au début chez les espèces inférieures tout à fait superficielles, isolées les unes des autres, et apparaissent sous la forme de papilles ; ce n'est que chez les animaux déjà élevés en organisation que l'on voit l'épithélium dentaire s'enfoncer dans le derme sous la forme d'une lame de laquelle se détachent de petites calottes formant l'émail ; une fois entièrement constituée, la dent perce les gencives et apparaît au dehors.

Le germe dentaire peut ne pas disparaître ; dans ce cas, lorsque les dents de la première rangée ont été usées, et que leur segment s'est résorbé, un nouveau germe (germe ou lame de remplacement) (Fig. 4) se forme du côté de la langue qui, engendrant de nouveaux germes d'émail, a pour effet la production d'une seconde rangée de dents, d'une troisième, etc. Chez la plupart des *Reptiles* (zoophages), les générations de dents se succèdent ainsi pendant tout le cours de leur vie. Les *Chéloniens* (phytophages) et les *Oiseaux* (à l'exception des oiseaux fossiles munis de dents) ne présentent qu'une lame dentaire rudimentaire. Chez les Mammifères, les formations dentaires se limitent à deux lamelles dentaires : la lamelle primitive (dents de lait), et une lamelle de dents de remplacement (dents définitives) ; toutefois, le développement des dents de lait ou des dents de remplacement, ou même celui de ces deux espèces de dentitions, peut manquer (Voir le chapitre des Mammifères).

Le Squelette.

Les Vertébrés possèdent trois différents systèmes squelettiques :

1. La *Corde dorsale* avec sa gaine, la première formation squelettique qui apparaisse aussi bien dans le développement de l'espèce (Phylogénie) que dans le développement de l'individu (Ontogénie) (page 8, 1) ;

2. Le *Squelette proprement dit*, c'est-à-dire les *corps vertébraux et leurs appendices* (arcs supérieurs ou neurapophyses et prolongements latéraux ou parapophyses, y compris les côtes) qui ont pour origine les Sclérotomes des segments primitifs.

3. Les *os dermiques* provenant du derme, qui peuvent, à un moment donné, mais toujours secondairement, se souder au squelette proprement dit, dont ils semblent dès lors faire partie.

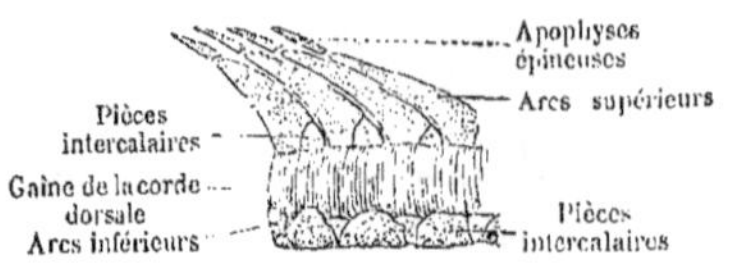

1. Colonne vertébrale de **Spatularia** (Ganoïde). D'après Wiedersheim.

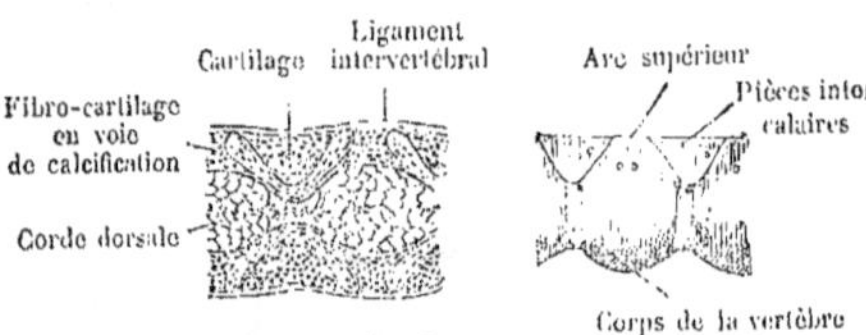

2. Scyllium canicula (Squale). Coupe de la colonne vertébrale d'un jeune. D'après Cartier.

3. Scymnus. Fragment de la colonne vertébrale. Les trous représentent les orifices de sortie des nerfs rachidiens.

4. Queue homocerque de **Protopterus** (Dipnoïque).

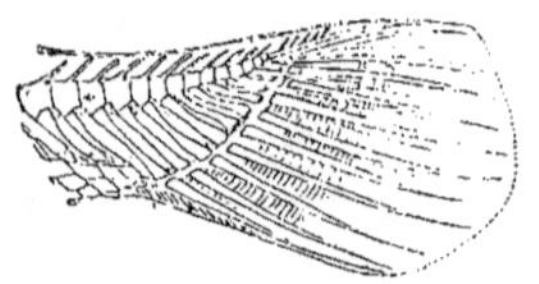

5. Queue hétérocerque de **Lepidosteus** (Ganoïde).

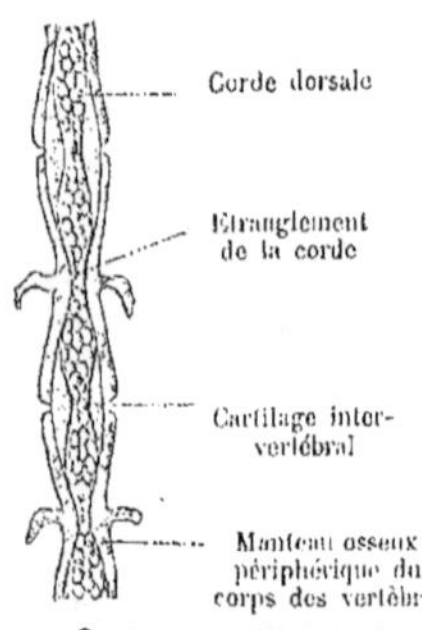

6. Coupe longitudinale de la colonne vertébrale d'**Amblystoma** (Amphibien). D'après Wiedersheim.

Colonne vertébrale.

La colonne vertébrale satisfait à deux conditions : elle est très solide, et est en même temps mobile. Les ébauches des demi-vertèbres se fusionnent deux à deux, de manière à constituer une série de segments, d'anneaux appelés « corps des vertèbres » ; ces derniers sont réunis entre eux par des ligaments élastiques ou « disques intervertébraux ». Des muscles à l'action desquels est probablement due la différenciation du tissu mésodermique en vertèbres, s'étendent, les uns entre les apophyses épineuses, les autres entre les apophyses transverses de deux vertèbres voisines ; des apophyses articulaires ont pour double effet de restreindre et de régler le mouvement des vertèbres les unes par rapport aux autres.

Les corps des vertèbres peuvent quelquefois faire défaut chez les *Poissons* (1) ; dans ce cas, sur la corde dorsale reposent des arcs supérieurs, des arcs inférieurs, et des pièces intercalaires (1). Les neurapophyses se prolongent généralement sous la forme d'*apophyses épineuses*. Des parapophyses portent les *côtes* (7) qui se terminent librement entre les muscles de l'abdomen, et entourent dans la région de la queue le canal caudal. L'extrémité postérieure de la colonne vertébrale peut être dirigée en droite ligne (4), ou se relever dorsalement (5). Chez les *Géozoaires*, le crâne n'est plus intimement soudé à la colonne vertébrale ; il est mobile, et peut effectuer certains mouvements, indépendamment de celle-ci. Les membres se transforment chez eux en organes de sustentation ; le squelette du tronc est uni au squelette des membres par l'intermédiaire des « Ceintures ». La colonne vertébrale présente plusieurs régions : cervicale, dorsale, lombaire, sacrée et caudale.

La *corde dorsale*, entourée par les vertèbres, peut, chez les Ichthyopsidés, persister sous la forme d'une tige épaisse ou s'allonger ; elle peut encore subir des étranglements, ou enfin disparaître complètement chez les Amniotes.

Chez beaucoup d'*Amphibiens*, les vertèbres sont biconcaves ; chez la plupart, le tissu cartilagineux forme déjà des articulations.

Chez les *Amniotes*, le cartilage intervertébral se différencie, soit en disque intervertébral fibreux, soit en surfaces articulaires. Les arcs supérieurs sont intimement fixés entre eux, les apophyses articulaires du bord postérieur de l'arc d'une vertèbre recouvrant les apophyses plus profondément situées du bord antérieur de l'arc de la vertèbre suivante.

La première vertèbre cervicale, l'*Atlas*, porte les surfaces articulaires pour le crâne, et peut effectuer un mouvement de rotation sur la seconde vertèbre, l'*Axis* ou *Épistropheus* ; le corps de l'atlas se fusionne avec celui de l'axis.

(Pour plus de détails, voir dans le corps du livre, chacune des classes de Vertébrés.)

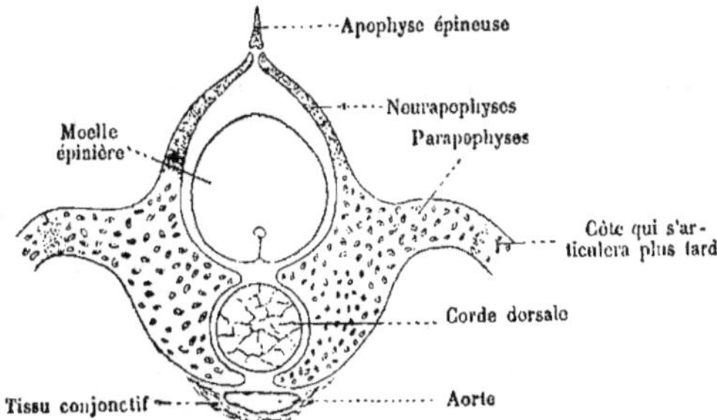

7. *Coupe transversale* de l'**ébauche vertébrale** bilatérale d'un jeune
Cyprinide. Légèrement schématisée d'après Schoel.

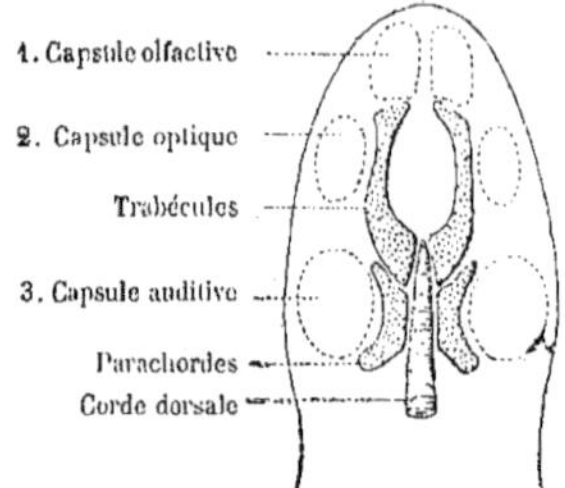

1. Ebauche cartilagineuse du crâne ; schématique.

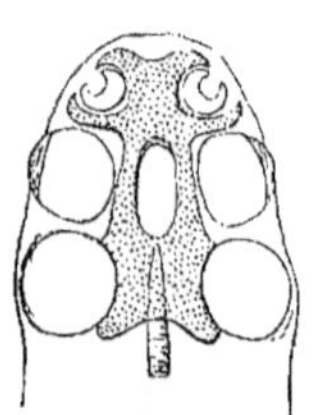

2. L'ébauche cartilagineuse du crâne ; deuxième stade du développement.

Crâne.

Le crâne des Vertébrés est constitué par un certain nombre (au moins 7) de segments du corps qui sont intimement unis. L'ontogénie des nerfs crâniens et des myotomes permet de se rendre encore compte de cette *constitution métamérique* ; cette *segmentation véritable n'est plus reconnaissable dans le crâne où elle s'est effacée*, tant à cause du grand développement des organes sensoriels, que de l'agrandissement de la fente buccale et des arcs viscéraux qui doivent prendre un appui solide sur le crâne.

Le développement du crâne présente trois phases distinctes : la phase du crâne primordial membraneux ; celle du crâne primordial cartilagineux, et enfin la phase du crâne osseux.

Le crâne des *Sélaciens*, très simple, peut être choisi comme point de départ pour l'étude du squelette céphalique dans la série des Vertébrés ; il présente 4 régions : ethmoïdale, orbitaire, auditive et occipitale (dont 3 servent aux organes sensoriels).

A ce crâne s'unissent les *arcs viscéraux* ventraux ou côtes céphaliques.

Dans le *canal crânien membraneux*, apparaissent les premières *ébauches cartilagineuses* sous forme de deux paires de lamelles : les *Parachordes* et les *Trabécules* (1), qui se réunissent bientôt pour constituer la *lame basilaire* (2), et entourent le cerveau ; ainsi se forme le *crâne primordial cartilagineux* (page 68, fig. 15). Ce dernier peut s'ossifier, en partie directement, en partie par l'adjonction d'autres os, qui sont, ou bien des os de revêtement du crâne cartilagineux, ou bien des os n'ayant jamais aucune relation avec lui.

A. On peut, en se basant sur la position et l'origine des os de la tête, grouper ces os de la manière suivante en un tableau synoptique permettant de saisir par un simple coup d'œil les différentes régions du squelette céphalique :

1. Axe du crâne : Basioccipital, Basisphénoïde, Parasphénoïde (des Vertébrés inférieurs), Présphénoïde (des Vertébrés supérieurs).
2. Capsule crânienne : Exoccipitaux, Supraoccipital, Pariétaux, Frontaux, Alisphénoïdes.
3. Os sensoriels (en relation avec les organes des sens ou leurs nerfs).
   a) Région auditive : Prooticum, Opisthoticum, Epioticum, Sphenoticum, Pteroticum ;
   b) Région orbitaire : Orbitosphénoïdes, Infraorbitaires des Poissons osseux, Lacrymal des Amniotes.
   c) Région ethmoïdale : Ethmoïde avec les cornets et le septum, Nasaux.
4. Os de cartilage et os de membrane : Squamosum (os distinct qui porte la surface articulaire pour l'appareil hyomandibulaire (Poissons) ou pour la mâchoire), Vomer, Pré- et Postfrontal de beaucoup de Vertébrés inférieurs, Columelle (Epiptérygoïde) des Sauriens, Jugal, Quadratojugal, etc.

Avec ces os du crâne, sont en connexion intime :
5. Les arcs viscéraux (côtes céphaliques) qui se composent essentiellement des éléments suivants :

    I. **L'arc mandibulaire** :
        Les Prémaxillaires et
        les Maxillaires (os de membrane ou dermiques)
        Le Dentaire et l'Angulaire (os de membrane), l'Articulaire et le Carré (os de cartilage), auquel s'adjoignent les os de membrane : Ptérygoïdes et Palatins.
        A ces os, il faut ajouter le Quadratojugal et le Jugal, le Transversal.

    II. **L'arc hyoïdien**, composé de :
        L'Hyomandibulaire (et le Symplectique des Poissons osseux), et
        l'Hyoïde avec la Copule ventrale médiane.

    III-VII (-IX). Les **Arcs branchiaux**, dont chacun se décompose chez les Poissons en Epibranchial, Cérato-branchial et Hypobranchial ; inférieurement, ils sont réunis par l'intermédiaire des Copules.
        Chez les Géozoaires, on assiste à une régression des arcs branchiaux.

B. D'après l'origine des os, on distingue :
    Les **os de cartilage** ou primaires : le Basioccipital, le Basisphénoïde, le Présphénoïde, l'Exoccipital, les Otiques (pré-épi, opistho-ptéro-sphén-), l'Orbito- et l'Alisphénoïde, l'Ethmoïde avec le Septum et les Cornets, le Carré, l'Articulaire ; le Squelette viscéral, en partie.
    Os de membrane, ou exosquelettiques, ou secondaires, ou dermiques : le Parasphénoïde, le Vomer, le Prémaxillaire, le Maxillaire, le Jugal, le Quadratojugal, le Dentaire, le Splénial, le Palatin, le Ptérygoïde, l'Angulaire, le Coronoïde ; et, à la *périphérie du crâne* : le Nasal, le Lacrymal, le Frontal, le Préfrontal, le Postfrontal, le Postorbitaire, le Sus-orbitaire, le Pariétal, le Squamosal, le Sus-occipital en partie.
On trouvera des détails plus nombreux dans les chapitres consacrés aux différentes classes des vertébrés.

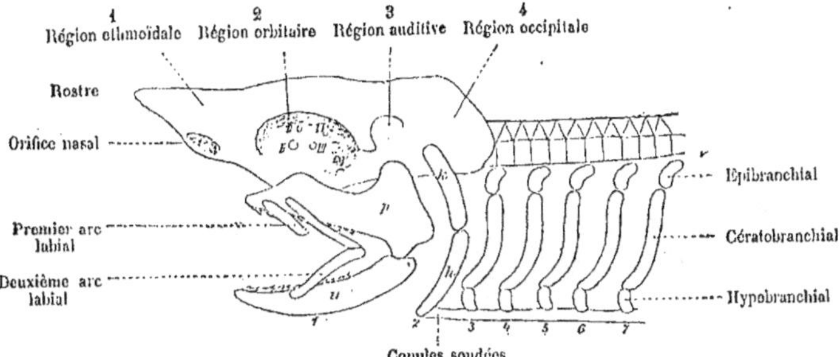

Schéma d'un **Crâne de Sélacien**. Légèrement modifié d'après Gegenbaur.

1. Arc mandibulaire.
2. Arc hyoïde.
3-7. Arcs branchiaux.
  II Passage du nerf optique.
  III Passage du nerf oculo-moteur.
  IV Passage du nerf trochléaire.

V Passage du nerf trijumeau.
VI Passage du nerf oculo-moteur externe.
k Hyomandibulaire.
h Hyoïde.
p Palato-carré.
u Mâchoire inférieure.

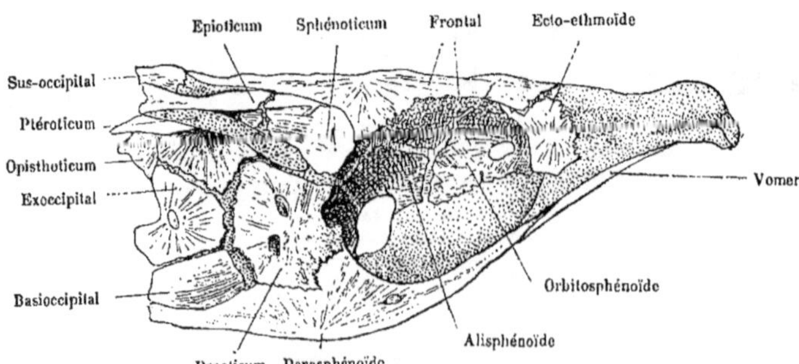

3. Squelette céphalique de **Salmo fario**, débarrassé de tous les os dermiques ; côté droit.
D'après Wiedersheim.

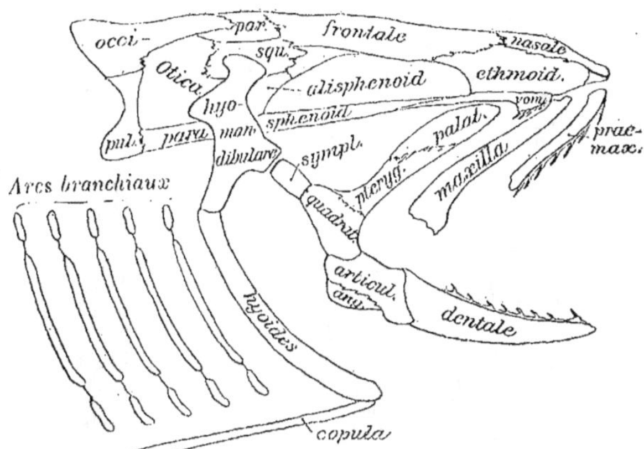

4. Schéma du **Crâne d'un Poisson osseux** ; les os operculaires et les sous-orbitaires ne sont pas figurés. D'après Selenka.

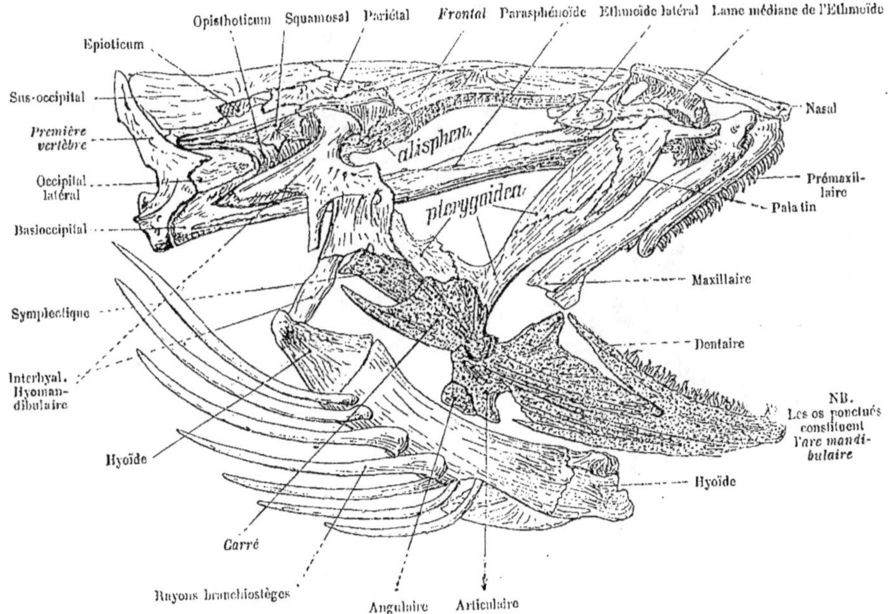

4 a. Gadus æglefinus, Egrefin. Les Operculaires et les Sous-orbitaires ne sont pas dessinés. Comparer page 54. D'après R. Hertwig.

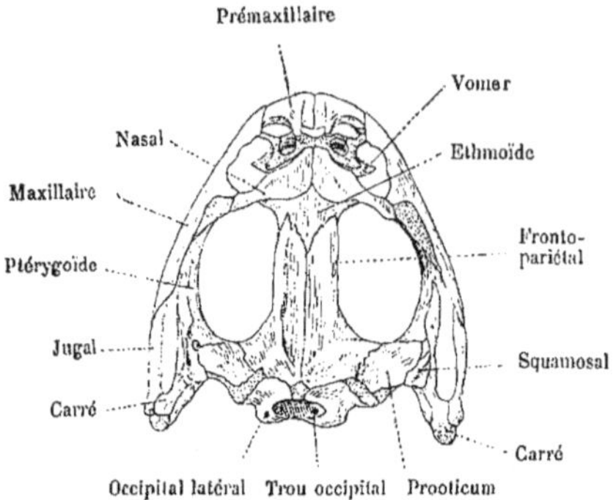

5. Crâne de **Rana esculenta** ; face supérieure.
Les parties cartilagineuses sont ponctuées.

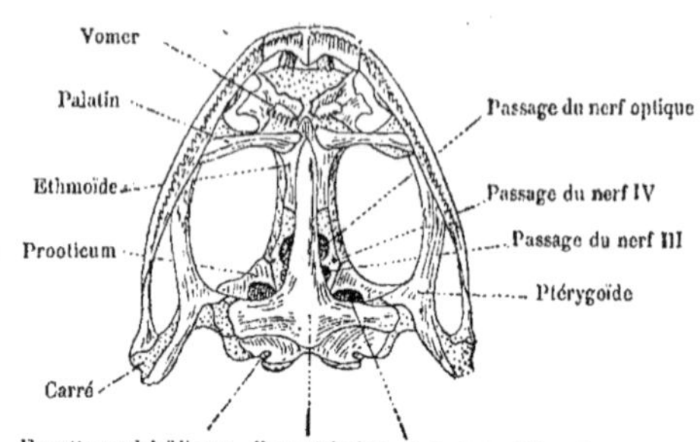

6. Rana esculenta ; face inférieure du crâne.
Le cartilage est ponctué.

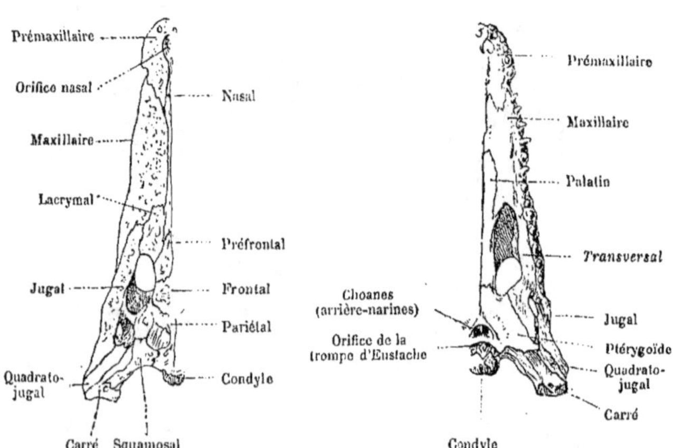

7. Crâne de **Crocodile** ; face supérieure.
D'après Selenka.
    8. Crâne de **Crocodile** ; face inférieure.
D'après Selenka.

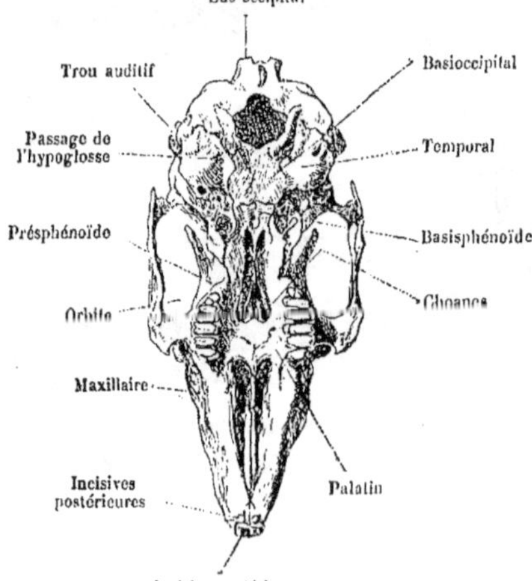

9. Crâne du **Lapin** ; face inférieure. D'après Selenka.

Membres.

I. Médians ou **impairs**. On admet qu'ils dérivent d'un *repli cutané* soutenu par des filaments cornés, et s'étendant sans interruption sur les deux régions dorsale et caudale jusque derrière l'anus. Ce repli cutané dorso-ventral a cessé, à un moment donné, d'être continu ; il s'est atrophié en certains endroits, et, ainsi, se sont isolées les *nageoires* : *dorsale, caudale* et *anale*. Puis, ont pris naissance, d'une manière tout à fait indépendante, des *supports de nageoires* ou *rayons* cartilagineux ou osseux, qui sont plus tard entrés en relation avec le squelette axial (1). On ne trouve ces membres impairs que chez les Poissons ; lorsqu'ils existent chez les Amphibiens, ils sont privés de rayons.

La volumineuse crête dorsale de quelques Reptiles fossiles (Ichthyosaurus, Dimetrodon, Stegosaurus) possédait, il est vrai, à sa base, des supports natatoires résistants, mais ces derniers représentaient vraisemblablement une formation d'acquisition récente.

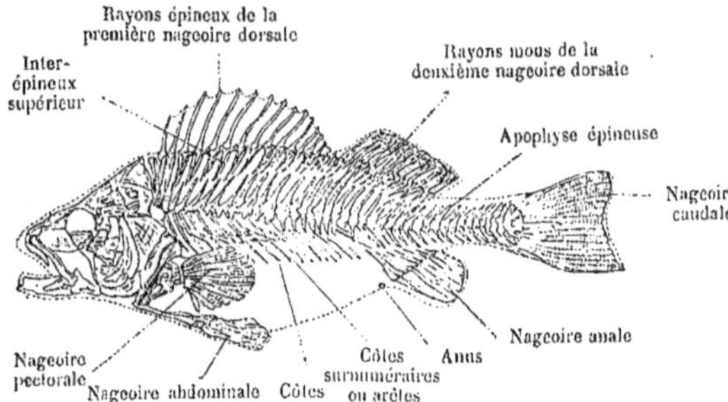

1. Squelette de **Perca fluviatilis**.

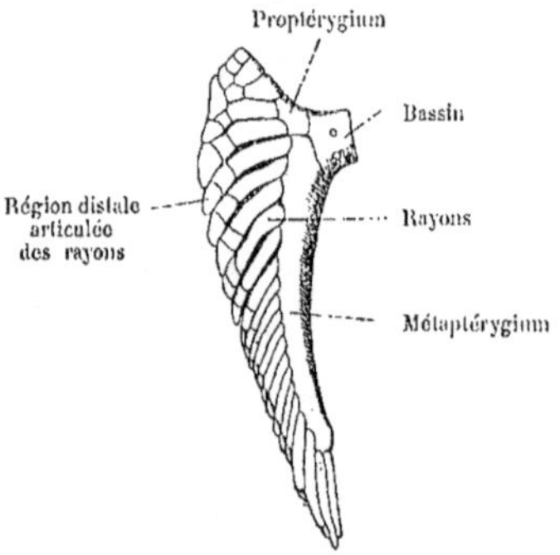

2. Nageoire abdominale droite d'**Heptanchus** (face ventrale).

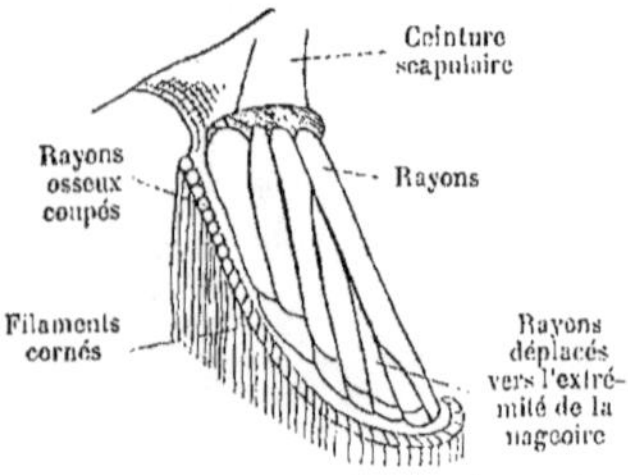

3. Nageoire pectorale gauche (face interne) de **Spatularia** (D'après Wiedersheim).

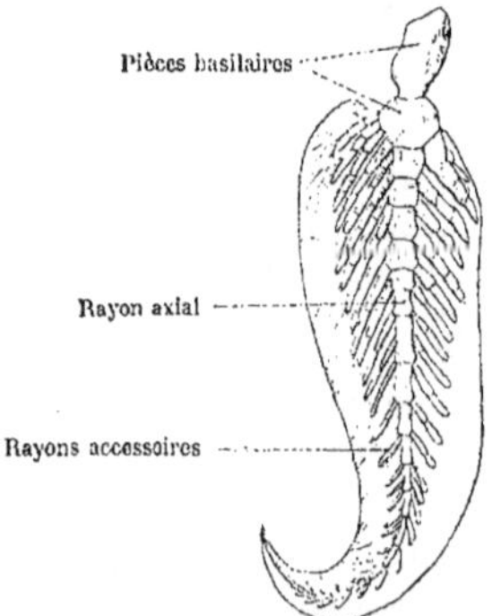

4. Nageoire pectorale de **Ceratodus**, montrant une disposition *bisériée* des rayons. D'après Gegenbaur. Les filaments cornés n'ont persisté que sur la moitié gauche.

II. Les **membres pairs** des *Poissons* peuvent être ramenés à un repli cutané latéral, tendu au moyen de *rayons cartilagineux métamériques* (par exemple chez Pristiurus, parmi les Squalidés, qui en possède au moins 11 pour chaque membre) ; chacun de ces rayons soutient deux bourgeons musculaires, un dorsal extenseur et un ventral fléchisseur, provenant du myotome correspondant.

Par suite de la fusion des extrémités proximales de ces rayons cartilagineux, chaque membre a présenté plusieurs régions à considérer :

A. Une plaque primaire qui, à son tour, s'est décomposée en :

a) Plaque scapulaire et pelvienne, et en

b) Pièces basilaires (= Pro, Méso et métaptérygium des Poissons ; Humérus et Fémur des Aérozoaires) ;

B. Les rayons libres (Rayons des Poissons ; tout l'avant-bras et toute la jambe des Aérozoaires).

Les rayons sont généralement très nombreux chez les Poissons ; chez les Aérozoaires, au contraire, ils se réduisent à 5, et, de plus, ils subissent eux-mêmes une série de divisions transversales qui ont pour effet la formation de pièces squelettiques présentant des articulations réciproques. C'est ainsi que la nageoire aux nombreux rayons des Poissons est devenue un levier à plusieurs bras, membre pentadactyle.

L'accroissement en surface que subissent les nageoires des Poissons exigeait la présence de *filaments cornés* susceptibles de leur donner la rigidité nécessaire ; ce sont des formations dermiques accessoires qui font défaut chez les Aérozoaires, **Ceinture scapulaire :** La *ceinture primordiale de l'épaule* (ébauche cartilagineuse unique) donne naissance : dorsalement à l'omoplate, et ventralement au coracoïde et à la clavicule. Chez les Aérozoaires, apparaissent en outre d'autres éléments, notamment l'*Epicoracoïde*, l'*Episternum* et le *Sternum* constitué par les *extrémités réunies des côtes*

Les pièces qui composent la ceinture scapulaire acquièrent une grande solidité en s'ossifiant. L'ébauche de la clavicule peut chez les Amniotes être de nature conjonctive ou même manquer (crocodile). Chez les Reptiles apodes, la ceinture scapulaire est représentée par un simple rudiment.

Parmi les Mammifères, les Monotrèmes seuls possèdent un Coracoïde qui atteigne encore en avant le sternum ; chez tous les autres, cet os subit une atrophie considérable : l'omoplate est alors l'unique os de la ceinture qui supporte le membre antérieur ; quant à la clavicule, elle n'apparaît que là où ce membre doit exécuter des mouvements variés.

Ceinture pelvienne : Déjà chez les Poissons, on voit de chaque côté une *plaque pelvienne* commencer à se détacher (les deux plaques se fusionnant quelquefois en une seule pièce). Chez les *Aérozoaires*, où les membres ont pour fonction de supporter le poids du corps, certaines régions des plaques pelviennes deviennent plus résistantes ; elles se séparent des autres pour former des articles distincts, et, chez les Amphibiens déjà, commencent à s'ossifier. A l'*Ilion*, à l'*Ischion*, au *Pubis* se joint un *Épipubis* (qui réapparaît chez les Marsupiaux, parmi les Mammifères, sous la forme d' « os marsupiaux »), ou *Prépubis*. Chez les Amniotes, le pubis et l'ilion se différencient de plus en plus ; l'ossification faisant toujours des progrès, le bassin finit par offrir aux muscles des membres, des surfaces d'insertion très étendues.

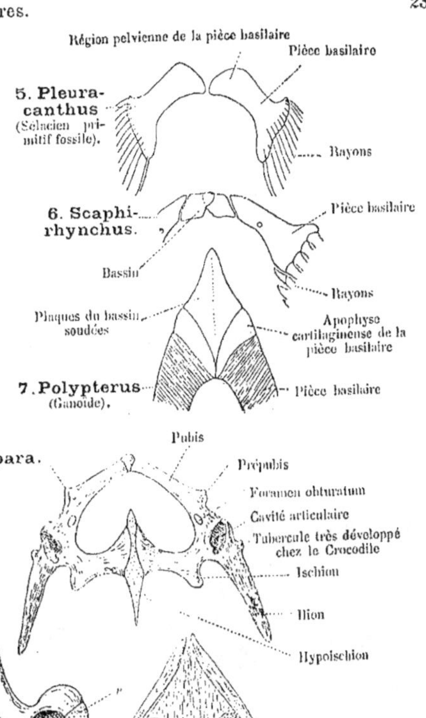

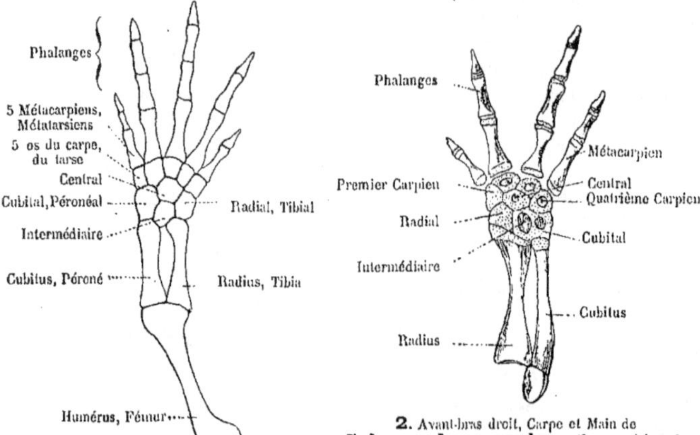

1. Schéma du squelette de la main ou du pied.
D'après Gegenbaur.

2. Avant-bras droit, Carpe et Main de
Salamandra maculosa (face supérieure).

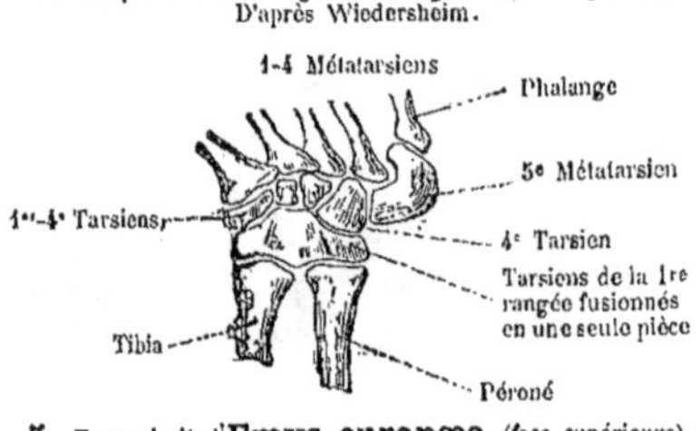

3. *Carpe* droit d'**Emys europæa** (face supérieure).
D'après Wiedersheim.

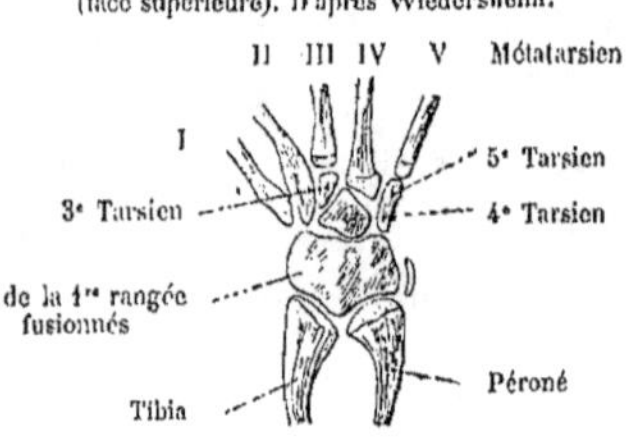

4. *Carpe* gauche de **Lacerta agilis**
(face supérieure). D'après Wiedersheim.

5. *Tarse* droit d'**Emys europæa** (face supérieure).
D'après Wiedersheim.

6. *Tarse* droit de **Lacerta muralis**
(face supérieure).

D'après la nomenclature de *Gegenbaur*, les régions des membres se subdivisent de la manière suivante (Comparer page 24) :

A. Membre antérieur.

1.	Humérus
2.	Radius et Cubitus
3. Poignet : = Carpe	{ Intermédiaire { Radial et Cubital { Central { Cinq Carpiens
4. Métacarpe :	Cinq Métacarpiens
5.	Phalanges des doigts de la main.

B. Membre postérieur.

Fémur	1.
Tibia et Péroné	2.
Intermédiaire Tibial et Péronéal Central Cinq Tarsiens	} 3. Tarse.
Cinq Métatarsiens :	4. Métatarse
Phalanges des doigts du pied.	5.

A ces désignations, qui répondent à la forme primitive, correspondent les noms suivants, plus anciens, donnés aux différents os du Carpe et du Tarse transformés, et qui sont empruntés au squelette des Mammifères et de l'Homme :

I. Carpe. (*)

	Mammifère	*Homme*
Intermédiaire	Lunaire	Lunatum
Cubital	Pyramidal	Triquetrum
Radial Central	} Scaphoïde	Naviculare
Carpien 1	Trapèze	Multangulum majus
» 2	Trapézoïde	Multangulum minus
» 3	Grand os	Capitatum
» 4 » 5	} Os crochu	Hamatum

II. Tarse.

	Mammifère	*Homme*
Intermédiaire Tibial	} Astragale	Astragale (talus)
Péronéal	Calcanéum	Calcanéum
Central	Scaphoïde	Scaphoïde
Tarsien 1		Cunéiforme 1
» 2		» 2
» 3		» 3
» 4 » 5		} Cuboïde

(*) Les mots latins désignant les différents os du Carpe ne sont plus guère employés aujourd'hui. (Note du traducteur.)

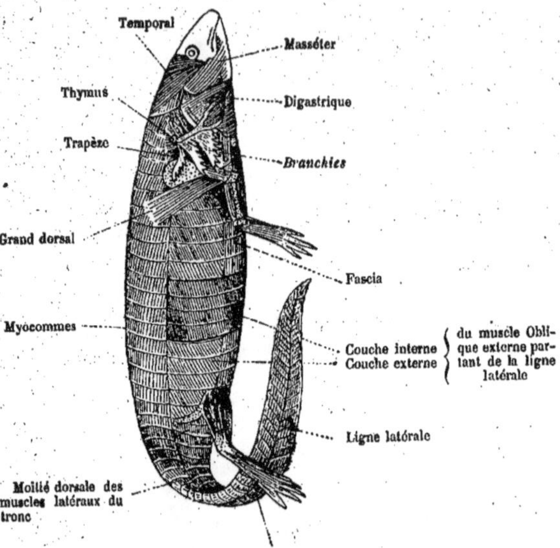

2. Musculature de l'Axolotl. **Siredon pisciformis.** D'après Wiedersheim.

Muscles.

Les muscles du corps, dans leur forme la plus simple, consistent, à droite comme à gauche, en un « muscle latéral du tronc » divisé par des *Myocommes* en segments ou *Myomères* ; ce muscle présente une partie dorsale séparée d'une partie ventrale par une cloison de tissu conjonctif. Chez les Poissons les myomères sont disposés comme les tuiles d'un toit (Petromyzon) ; ou bien, ils se composent de cônes pénétrant les uns dans les autres (Squalidés), les systèmes de cônes pouvant atteindre le nombre 8.

— Tous les muscles, y compris ceux des membres, ont pour origine les muscles latéraux du tronc ; ils se forment par division en partie proximale et partie distale, par décomposition en couches, ou enfin par division longitudinale en fibres parallèles. Si un muscle vient à être inutile, il se fusionne avec un muscle voisin, ou disparaît complètement.

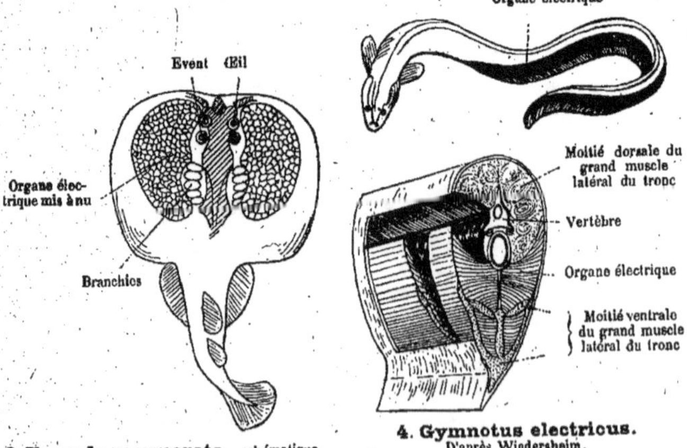

3. Torpedo marmorata, schématique.

4. Gymnotus electricus. D'après Wiedersheim.

Les organes *électriques* de quelques Poissons, tels que **Gymnotus electricus** ; **Torpedo marmorata,** la Torpille (3) ; **Malapterurus electricus,** doivent être considérés, génétiquement et chimiquement parlant, comme du tissu musculaire transformé.

Système nerveux.

Lorsque la plaque médullaire de l'embryon s'est transformée en canal médullaire (page 28, 2), on voit apparaître de chaque côté de la ligne d'occlusion du tube une « bandelette ganglionnaire » ou crête dorsale qui engendre métamériquement les *Ganglions spinaux dorsaux* ou *postérieurs* avec leurs *racines nerveuses sensitives* ; les *nerfs spinaux ventraux* ou *antérieurs moteurs*, prennent, au contraire, directement naissance dans la substance grise des cornes ventrales ou antérieures.

Les deux racines motrice et sensible de chaque côté se réunissent pour fournir une branche dorsale, une branche ventrale et un rameau viscéral ; de ce dernier, partent les nerfs qui se distribuent sous forme de Plexus aux vaisseaux, au canal digestif, aux glandes et au cœur ; ces nerfs constituent le *système nerveux grand sympathique* (page 33).

Dans le cerveau, aussi, des ganglions se forment aux dépens de la « bandelette ganglionnaire », mais ils contractent avec l'épiderme embryonnaire, et en deux endroits différents, des relations transitoires, de manière à produire l'ébauche d'organes sensoriels primordiaux (page 28, 3) : dans les régions de contact supérieures (Ebauche de Kupffer), il ne se forme que les *fossettes olfactive et auditive* (se prolongeant chez les Ichthyopsidés dans la ligne latérale), et, comme ganglions, persistent les ganglions du nerf auditif, le ganglion jugulaire du IX et du X nerf crânien — tandis que des ébauches inférieures (Germe de Froriep), il ne subsiste aucun organe des sens, mais, seulement, le ganglion géniculé VII, le ganglion pétreux IX, et le plexus gangliforme X.

Encéphale.

L'Encéphale doit être considéré comme représentant la partie antérieure de la moelle épinière, et comprenant 7 ou plus de 7 segments. Corrélativement à la formation des organes buccaux, des branchies et des organes sensoriels, l'encéphale a subi une division en un certain nombre de segments dont le postérieur seul, la moelle allongée ou arrière-cerveau, offre encore partout l'organisation typique de la moelle épinière, tandis que la partie antérieure a subi des transformations très variées ; ces dernières répondent à une spécialisation fonctionnelle, et sont bien en rapport avec la suprématie dont elle jouit vis-à-vis de tout le système nerveux : suprématie due surtout à la formation de renflements ganglionnaires qui ne se mettent qu'*indirectement* en relation avec les extrémités des nerfs sensoriels, et apparaissent comme des centres d'association d'ordre plus ou moins élevé (Manteau du cerveau, Corps striés, Couches optiques et Toit du cerveau postérieur).

Chez l'embryon, l'ébauche du cerveau, correspondant à la partie antérieure du tube neural, se renfle en 3 *vésicules primitives*, dont l'antérieure ne montre pas l'allure typique de la moelle épinière ; elle est, par suite, considérée comme *prévertébrale*, les deux autres vésicules primitives étant dites *vertébrales*.

Ces 3 vésicules cérébrales se divisent ensuite de la manière suivante :

Vésicules cérébrales *primitives*.	Vésicules cérébrales *secondaires*.
1° Prosencéphale ou Vésicule du Cerveau antérieur	Cerveau antérieur (Cerveau, Télencéphale, Hémisphère), Cerveau intermédiaire (Diencéphale).
2° La Vésicule du Cerveau moyen, Mésencéphale ou Tubercules quadrijumeaux, ne se subdivise pas.	
3° Vésicule du Cerveau postérieur	Cerveau postérieur ou Cervelet, Arrière-cerveau ou Moelle allongée.

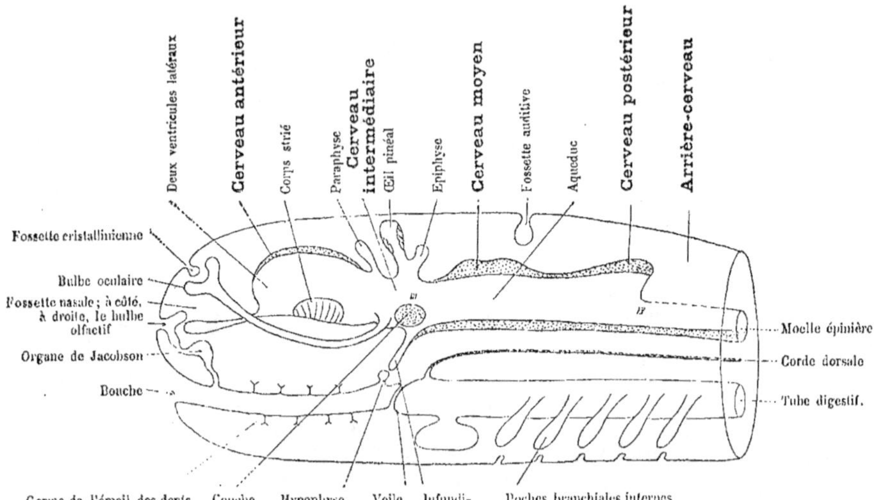

1. Schéma idéal de l'Encéphale; d'après Selenka. III : Troisième Ventricule. — IV : Quatrième Ventricule.

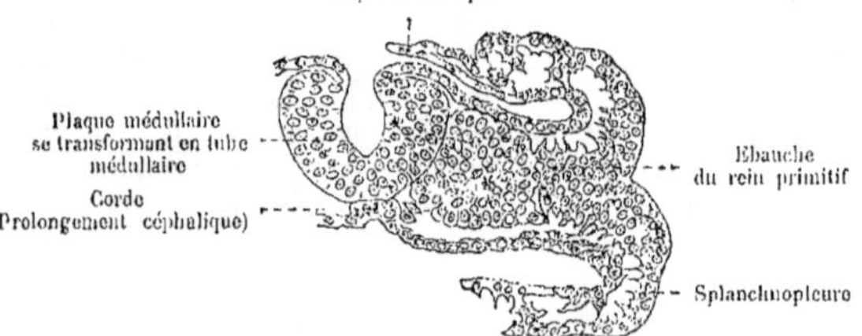

2. Coupe transversale d'un Embryon de mouton âgé de 16 jours 1/2, avec 6 paires de segments primitifs — 140/1. D'après Bonnet.

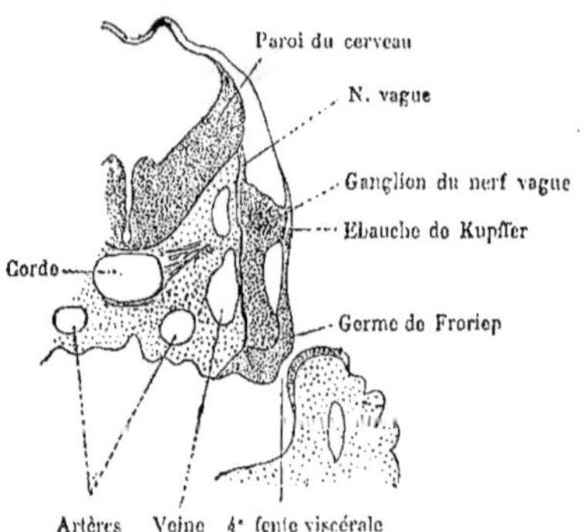

3. Coupe transversale de la région occipitale d'un Embryon de Sélacien; elle montre le ganglion du nerf vague et ses deux contacts avec l'épiderme. D'après Froriep.

L'arrière-cerveau ou **moelle allongée** présente encore l'organisation fondamentale de la moelle épinière. Sa voûte, privée de ganglions, soutient un plexus sanguin, et, dans ses parois latérales et son plancher, courent les cordons des nerfs moteurs et sensibles ; l'arrière-cerveau renferme les *noyaux des nerfs crâniens*, notamment : V, le trijumeau qui se rend aux arcs maxillaires ; VI, le nerf oculo-moteur externe qui se ramifie à la face interne du muscle droit externe ; VII, le nerf facial qui intéresse l'arc hyoïde ; VIII, le nerf acoustique qui se divise en deux branches : le nerf vestibulaire et le nerf cochléaire qui arrivent au labyrinthe de l'oreille ; IX, le glosso-pharyngien qui aboutit au premier arc branchial et au pharynx ; X, le nerf vague, enfin, qui se rend aux arcs branchiaux postérieurs, au pharynx, à la vessie natatoire ou au poumon.

L'arrière-cerveau contient en outre de nombreuses cellules commissurales dont les cylindre-axes atteignent les cerveaux moyen et intermédiaire. Ces cellules président à la coordination de fonctions compliquées, et constituent un « système d'association » qui, par son existence chez tous les Vertébrés, doit servir à des processus très importants, partout de même nature. Les Mammifères possèdent, en outre, les Pyramides dont l'importance est en rapport avec le grand développement des hémisphères.

Les variations de forme très grandes, qu'affecte le **cerveau postérieur** ou **Cervelet**, au sein même d'une seule classe, se ramènent purement et simplement à des différences d'étendue de l'écorce grise, car la structure histologique présente partout le même type. Cette région de l'encéphale semble présider au maintien de l'équilibre et du tonus musculaire ; elle est donc en relation directe avec la locomotion ; aussi est-elle, par exemple, peu développée chez les animaux rampants, tandis que, au contraire, elle devient très importante chez ceux qui nagent et qui volent.

Les *Sélaciens* et les *Téléostéens* ont un cerveau postérieur dont le toit est souvent largement développé ; chez les *Amphibiens*, il est petit ; chez les *Reptiles nageurs*, très grand ; chez ceux qui rampent, il est au contraire très petit ; le cervelet très volumineux des *Oiseaux* laisse distinguer en lui une partie médiane recourbée (vermis), et deux hémisphères latéraux (Flocculi) qui, chez les mammifères, prennent des dimensions très considérables, et sont réunis par une commissure qui embrasse la face ventrale de l'arrière-cerveau ; cette commissure a reçu le nom de *Pont de Varole* ou *Protubérance annulaire*.

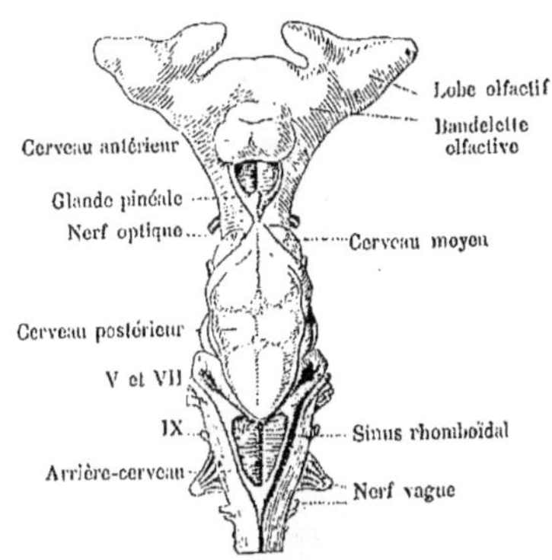

4. *Nerfs crâniens et Plexus axillaire de* **Scyllium**. D'après Wiedersheim.

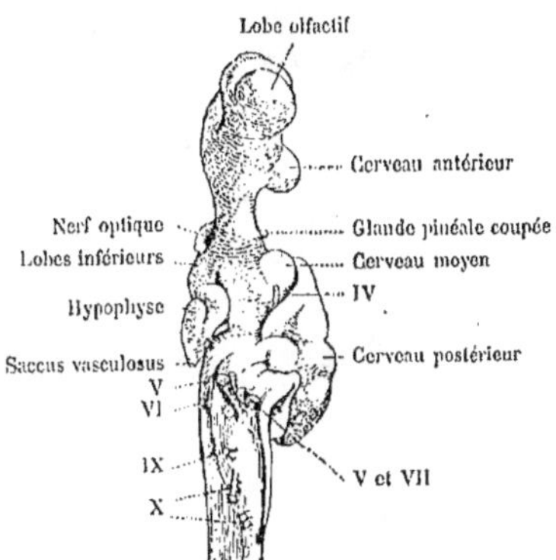

5. Encéphale de **Scyllium canicula**; face dorsale. D'après Wiedersheim.

6. Encéphale de **Scyllium canicula**; face latérale. D'après Wiedersheim.

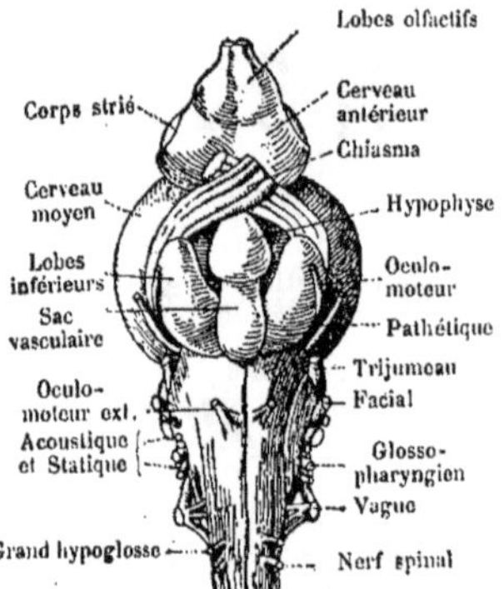

7. Salmo fario.

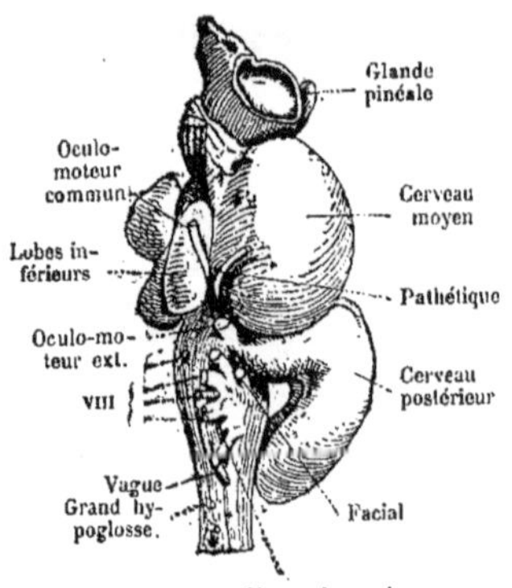

8. Encéphale de **Salmo fario** (face inférieure).

9. Encéphale de **Salmo fario**, face latérale. Les 3 Figures d'après Wiedersheim. Le manteau du Cerveau antérieur est coupé pour montrer le Corps strié.

Cerveau.

Le cerveau moyen est le siège du mécanisme nerveux le plus compliqué : d'importants faisceaux de fibres nerveuses irradient en lui, et de nombreuses voies nerveuses y prennent naissance ; c'est à lui que sont dévolus les rapports si intimes qui s'établissent entre le côté droit et le côté gauche du cerveau, et cela, chez tous les Vertébrés, suivant un mode qui, au fond, est partout le même. Le toit, représenté par les *Tubercules quadrijumeaux*, possède toujours la même structure : dans les couches dorsales, viennent se terminer les fibres centripètes du nerf optique, et, des couches ventrales, part un système de fibres sensibles constituant la substance médullaire profonde, système exclusivement en relation avec les terminaisons de nerfs sensibles. En outre, il renferme un grand nombre de voies d'association, allant d'un toit à l'autre, reçoit des faisceaux provenant des couches optiques, et, chez les animaux à sang chaud, d'autres faisceaux nés dans les hémisphères ; il semble être par suite un *centre d'association important pour les impressions sensorielles*.

De la substance grise, dans la région ventrale de l'Aqueduc, partent, entre autres fibres, celles du nerf oculo-moteur et celles du pathétique, destinées aux mouvements du globe oculaire. La *base* du cerveau moyen est surtout occupée par des faisceaux longitudinaux.

Chez les *Poissons* et les *Oiseaux*, qui ont le sens de la vue très développé, la racine du nerf optique présente des dimensions très considérables ; chez les *Mammifères*, la base du cerveau moyen s'épaissit par suite de la présence de faisceaux nerveux de passage.

Le cerveau intermédiaire (1 et 10) est court et étroit. Sa voûte mince est formée par la *toile choroïdienne supérieure* qui se continue avec des *plexus choroïdes* ; elle montre des diverticules impairs et médians : la *Paraphyse* et l'*Épiphyse* ; son plancher, lui aussi, présente une dépression en forme d'entonnoir, l'*Infundibulum*, avec lequel une poche de la muqueuse buccale, l'*Hypophyse* (qui, originellement, était un tube intestinal préoral) entre en connexion. De bonne heure, se sont formées aux dépens du cerveau intermédiaire les *vésicules optiques* paires. De chaque côté de l'épiphyse, contre la voûte épithéliale, se montrent encore les *ganglions de l'habenula* avec la *commissure habénulaire* et des faisceaux de fibres pénétrantes provenant des lobes olfactifs postérieurs et de l'écorce olfactive, ainsi qu'un faisceau de fibres dirigé vers la région ventrale. Les parois ventrales du cerveau intermédiaire s'épaississent et se transforment en organes volumineux : les *Couches optiques*, centres nerveux, qui sont intercalées entre les hémisphères d'une part, les cerveaux moyen, postérieur, et la moelle allongée, de l'autre.

En avant, à la limite du cerveau intermédiair et du cerveau antérieur, se trouve le *Chiasma des nerfs optiques*.

Chez les *Poissons*, de nombreux vaisseaux sanguins prolifèrent dans la paroi de l'*Infundibulum*, et constituent le sac vasculaire immédiatement à côté d'un ou de deux lobes inférieurs ; la glande pinéale présente un long pédicule ; elle peut, chez quelques Sélaciens, traverser la voûte crânienne et atteindre la peau.

Chez les *Amphibiens*, le tube épiphysaire se termine au niveau de la peau, pour dégénérer plus tard, tandis que chez les *Reptiles*, l'extrémité supérieure renflée de ce même tube traverse souvent le trou pariétal et forme ainsi l'œil pariétal.

Le cerveau antérieur montre les plus grandes variations dans la structure et la forme de son toit. Chez les Amphibiens anoures, il n'a de relations qu'avec le cerveau intermédiaire ; chez les autres Vertébrés, il est mis aussi en rapport, par des fibres nerveuses, avec le cerveau moyen ; chez les Mammifères, enfin, il est en outre directement relié avec la moelle allongée ou Bulbe rachidien.

Généralement, on distingue dans le cerveau antérieur : la voûte ou *Pallium*, qui, à partir des Amphibiens, est séparé en deux *Hémisphères* par une fente longitudinale ; les *Corps striés* pairs, et les *Lobes olfactifs*. — Le *Pallium* consiste encore, chez les Téléostéens, en une lamelle épithéliale ; chez les Cyclostomes, ses parois latérales s'épaississent, et deviennent des régions essentiellement nerveuses ; chez les Sélaciens, sa paroi antérieure, elle aussi, présente cette différenciation qui, chez les animaux à respiration pulmonaire, intéresse presque tout le Pallium.

Les Corps striés et l'appareil olfactif, au contraire, ne montrent que des variations insignifiantes dans la série des Vertébrés, c'est-à-dire surtout en ce qui concerne le volume.

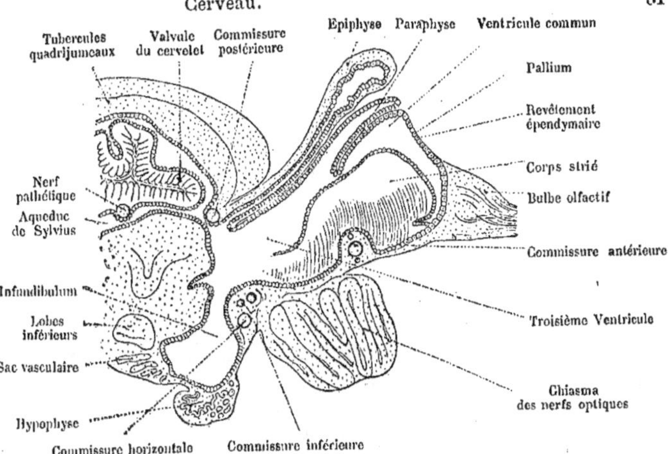

10. Coupe sagittale de la région antérieure de l'encéphale de **Téléostéen** (Truite). D'après Rabl-Rückhard.

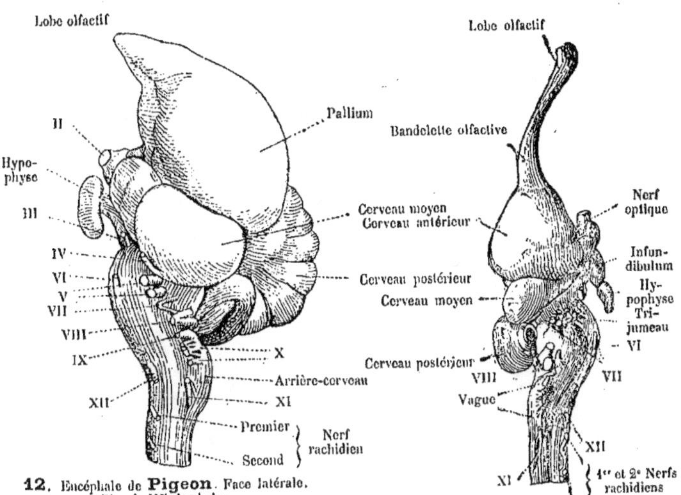

12. Encéphale de **Pigeon**. Face latérale. D'après Wiedersheim.

11. Encéphale d'**Alligator**. Face latérale. D'après Wiedersheim.

Dans la *substance grise corticale* du cerveau antérieur, il existe des localisations spéciales de centres moteurs et de *facultés psychiques*. C'est elle qui est le siège des plus hautes facultés psychiques, de l'intelligence et de la mémoire. Dans l'écorce, se distribuent les excitations qui avaient tout d'abord atteint les centres cérébraux primitifs situés plus profondément; elle est, en même temps, le point de départ de fibres nerveuses destinées aux régions profondes du cerveau et devant présider aux mouvements etc. — Dans la série animale, apparaît tout d'abord le centre *olfactif*; chez les Oiseaux, s'y ajoute le centre *optique* (faculté de voir avec discernement, de conserver fidèlement et d'évoquer par le souvenir des figures ayant impressionné l'organe de la vue); on peut constater en même temps un développement considérable de l'ensemble des fibres qui, partant des points terminaux du nerf optique dans la voûte du cerveau moyen, se rendent dans la région occipitale. Les fonctions dévolues au manteau cérébral chez les *Mammifères* sont encore plus complexes : chez ces derniers, les hémisphères s'étendent en arrière, au-dessus des cerveaux intermédiaire et moyen ; aussi, leur bord postérieur revêt-il la forme d'une voûte ogivale (Fornix).

Chez les Mammifères supérieurs, la commissure qui réunit les deux hémisphères s'épaissit fortement pour constituer le *Corps calleux.*

Par suite du développement inégal et de la pression réciproque des vésicules cérébrales, celles-ci s'infléchissent, chez les Amniotes, et montrent ce que l'on appelle les *courbures cérébrales* : courbure faciale, courbure du pont, courbure nuchale (P. 8, 3) ; toutefois, l'encéphale des Reptiles se déploie et s'allonge dans la suite : ce phénomène a pour conséquence l'aplanissement de ces flexions qui, ainsi, ne tardent pas à disparaître.

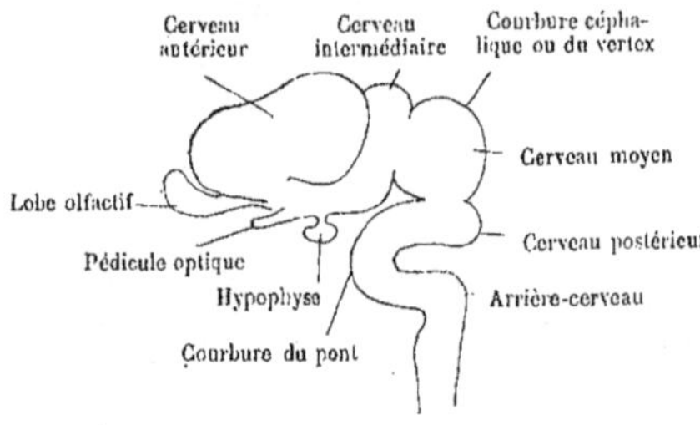

13. Courbures du cerveau d'un Mammifère (Schéma).

Les ganglions du **Sympathique** dérivent directement des ganglions rachidiens ; ils sont compris dans les nerfs spinaux, sur un certain trajet, puis, se séparent d'eux ventralement, chacun isolément, pénètrent dans un petit amas de cellules nerveuses, et ces amas s'envoient mutuellement des fibres, qui, les réunissant tous, forment un cordon : c'est le cordon du sympathique. Le système du grand sympathique se distribue sur le canal digestif, dans le système vasculaire et les organes glandulaires du corps.

Un cordon du sympathique bien différencié fait défaut chez les Cyclostomes et les Dipnoïques qui, cependant, possèdent un système de plexus ; chez les Téléostéens, par exemple, la partie céphalique du sympathique est déjà bien développée ; les Amphibiens, eux, présentent un cordon du sympathique à développement encore très variable mais plus élevé : comparer S_1 — S_{10} de la figure ci-contre.

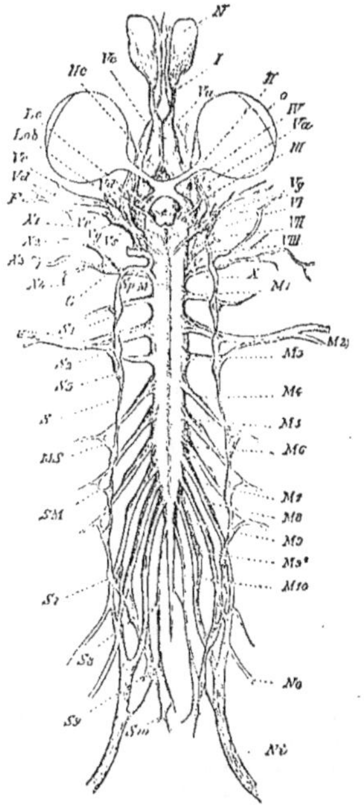

Système nerveux de la **Grenouille**. D'après Ecker.

I — X Les nerfs crâniens
M1 — M10 Nerfs rachidiens qui, en SM, envoient des anses anastomotiques aux ganglions S1 — S10 du sympathique.
F Nerf facial.
G Ganglion du nerf Vague.
He Cerveau antérieur.
Lc Bandelette optique.
Lob Lobes optiques (Cerveau moyen).
M Moelle épinière.

N Sac nasal.
Ni Nerf sciatique
No Nerf obturateur.
S Sympathique
o Globe oculaire.
Va—Ve Branche du Trijumeau.
Vg Ganglion de Gasser.
Vs Anastomose du sympathique avec le ganglion de Gasser.
X₁ — X₄ Branches du Vague.

Organes des sens.

Les organes des sens permettent au système nerveux central d'entrer en communication avec le monde extérieur. Dans certains cas, ils ont une origine superficielle, l'épiderme embryonnaire, et ne se mettent que secondairement en relation avec les nerfs crâniens et rachidiens (Cellules sensorielles des organes : de l'ouïe, du goût, du toucher et de l'odorat) ; ou bien, ils prennent naissance, comme cellules sensorielles, dans l'écorce cérébrale et se dirigent alors, en partant de l'encéphale, vers la surface du corps (Yeux pairs, OEil pariétal des Reptiles, Organe olfactif en partie ?)

Dans les *organes des sens de la Peau* des animaux aquatiques et semi-aquatiques, organes qui rendent possibles les sensations provoquées par le toucher, la pression et la température, on rencontre des cellules sensorielles en forme de bâtonnet ou de massue ; chez les Géozoaires, par suite de la transformation en « couche cornée » des couches superficielles de l'épiderme, les organes des sens de la peau s'enfoncent plus profondément dans les téguments, et changent en même temps de forme (Cellules ganglionnaires et réseaux nerveux très fins intercellulaires avec leurs terminaisons nerveuses libres).

L'organe olfactif apparaît tout d'abord sous la forme de deux dépressions des téguments embryonnaires : *les fossettes olfactives*. L'épithélium olfactif est relié à l'encéphale par de puissants faisceaux de fibres conductrices.

Chez les *Poissons*, cet organe a la forme d'un simple cul-de-sac ; à partir des *Dipnoïques*, il communique avec la cavité buccale ; on peut donc distinguer ici une région olfactive et une région respiratoire de l'organe olfactif. — Déjà, chez les Amphibiens, commence à se produire l'augmentation de surface de la muqueuse grâce à des saillies de la couche squelettogène, appelées *Cornets*. — Par suite de la formation d'un voile du palais, secondaire avec voûte palatine, et de l'accroissement en avant du squelette de la face, l'organe olfactif présente, *à partir des Reptiles*, une structure de plus en plus complexe. Les *Sauropsidés* possèdent *un seul* cornet. — Chez les *Mammifères*, l'ethmoïde est creusé de nombreuses cavités ou « cellules » que tapisse la muqueuse formant ce qu'on appelle le Labyrinthe olfactif ; cet os présente par suite, du côté de la cavité nasale, des parties saillantes qui ont reçu le nom de *Bourrelets olfactifs*, tandis que le « cornet » transmis par les Reptiles a perdu son épithélium olfactif et joue, dans les cas où il est très ramifié, un rôle spécial : il sert à filtrer, à réchauffer et à rendre humide l'air. — Glandes nasales.

On désigne sous le nom d'Organes de **Jacobson** deux cavités nasales accessoires (page 8, fig. 2), qui, pendant la période embryonnaire, se séparent de la cavité nasale proprement dite, et qui communiquent par un orifice spécial avec la cavité buccale. C'est chez les Amphibiens qu'ils apparaissent pour la première fois ; ils sont bien développés chez les *Monotrèmes*, les *Marsupiaux*, les *Édentés*, les *Insectivores*, les *Rongeurs* et les *Ongulés*. Ils sont rudimentaires chez l'homme (1).

(1) Dans son *Manuel d'Anatomie comparée des Vertébrés* (traduit par G. Moquin Tandon), le professeur Wiedersheim admet que « les organes de Jacobson semblent, chez l'homme, ne plus même apparaître pendant la période fœtale ; ce que jadis on prenait pour eux est le rudiment d'une *glande nasale de la cloison*, semblable à celle qui existe par exemple chez les Prosimiens (Gegenbaur) ».   (Note du traducteur.)

Organes de la vue.

Tandis que, presque généralement, les organes
des sens des animaux proviennent de l'ectoderme
embryonnaire, et n'entrent que secondairement en
relation avec les nerfs sensoriels, les yeux des Vertébrés constituent à ce point de vue une remarquable exception : les yeux pairs (comme aussi l'œil
pinéal) se développent aux dépens de deux diverticules de la vésicule cérébrale antérieure primaire
(V. page 42) ! On donne à ces diverticules le nom de
vésicules optiques primitives.

Ce mode de développement bien particulier devient
facilement explicable grâce aux considérations suivantes :

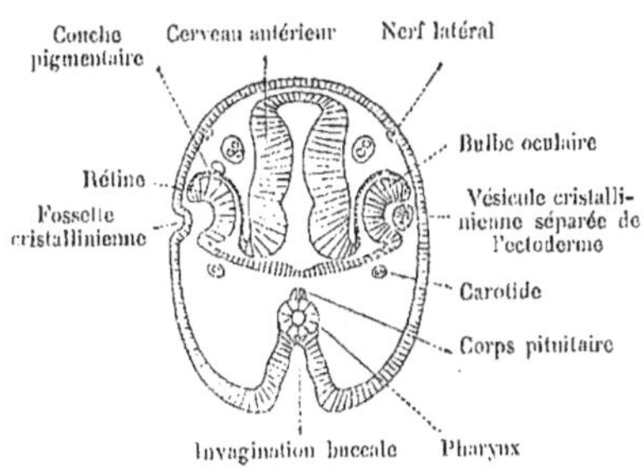

1. Coupe transversale de la tête d'un *têtard*, avant l'éclosion ;
légèrement schématique ; à gauche, l'œil est dessiné à un stade
de son développement plus jeune qu'à droite. — La corde dorsale
ne se prolonge pas assez en avant pour être rencontrée par la
coupe. — Comparer avec la fig. 3 a de la page 70.

1° Les Ancêtres des Vertébrés étaient très proba-
blement des animaux marins *transparents* chez lesquels la différenciation en œil s'était faite
dans la substance cérébrale même ; 2° par suite de l'opacité qu'ont plus tard présentée les tissus
du corps, les organes de la vue pairs ont dû se déplacer et émigrer à la périphérie en conservant
toujours la structure stratifiée, type de l'écorce cérébrale.

A un moment donné, la fossette cristallinienne se sépare de l'ectoderme et forme la vésicule
cristallinienne ; celle-ci se loge dans la *vésicule optique secondaire* qui a l'aspect d'une coupe à
double paroi (fig. 1) et constitue le bulbe oculaire. La paroi postérieure de cette vésicule cristallinienne fournit les fibres du cristallin ; la paroi antérieure devient l'épithélium du cristallin.

Aux dépens de la paroi interne du bulbe oculaire, prend naissance la Rétine ; aux dépens de
sa paroi externe, l'épithélium pigmentaire ; en avant, l'orifice du bulbe oculaire se rétrécit et devient la pupille.

Entre le cristallin et la paroi interne du bulbe, il existe une chambre dans laquelle pénètre,
par la *fente choroïdienne*, du tissu mésodermique, qui engendre le *corps vitré*. Le pédicule de
chaque vésicule optique, primitivement en forme de tube, présente bientôt sur toute sa longueur
une gouttière dans laquelle se loge l'artère centrale de la rétine ; c'est autour de cette artère que
la gouttière se transforme en un canal. Le pédicule qui contient des vaisseaux (Ligament falci-
forme) persiste dans le corps vitré des Poissons à vue courte ; il se termine sur l'équateur du
cristallin par un renflement (Campanula Halleri), et constitue avec le muscle rétracteur du cristallin, un appareil d'accommodation ; chez les Reptiles et les Oiseaux, ce même organe est représenté par le *Peigne.*

La *Rétine* des Poissons présente les plus longs bâtonnets ; chez les Sauropsidés, les cônes l'em-
portent de beaucoup sur les bâtonnets ; ils renferment des gouttelettes d'huile colorées chez plusieurs Reptiles, chez tous les Oiseaux et les Marsupiaux. En général, par suite de la prédominance
des cônes, il existe un point de la rétine où l'acuité de la vision atteint son maximum : ce point a
reçu le nom de *macula lutea* ou *tache jaune* ; il y en a deux dans l'œil de l'oiseau.

Chez les animaux à respiration pulmonaire, une lame fibreuse annulaire, la zone de Zinn, fixe
le cristallin au corps ciliaire ; dans cette lame, des fibres musculaires circulaires et rayonnées
permettent au cristallin de modifier rapidement son degré de courbure et, par suite, son pouvoir
réfringent. — Certaines *parties accessoires* s'ajoutent aux précédentes ; ce sont : les paupières
supérieure et inférieure, la membrane nictitante, les glandes lacrymales et les glandes de Harder.
La sécrétion lacrymale se déverse dans les culs-de-sac oculo-palpébraux, et, de là, par les points
lacrymaux, dans le sac lacrymal, le conduit naso-lacrymal et les fosses nasales. — La sclérotique
du globe oculaire est, chez les Sauropsidés, en grande partie cartilagineuse ; elle présente souvent, en avant, un cercle de lamelles osseuses.

Labyrinthes (Oreille interne).

Les *labyrinthes* remplissent une double fonction : comme organe sensoriel statique, ils permettent à l'individu d'avoir conscience des changements d'équilibre, et, en outre, comme organe sensoriel acoustique, ils rendent possible la perception de certains mouvements ondulatoires qui, pour l'animal, deviennent des bruits et des sons.

Ils prennent naissance de chaque côté de l'arrière-cerveau sous la forme d'invaginations de l'Ectoderme embryonnaire, appelées *fossettes auditives* (page 28, 1) ; elles se transforment en vésicules et se séparent du feuillet externe ; chez les Sélaciens seuls, persiste la communication avec l'extérieur, au moyen du conduit endolymphatique (fig. 4). Chaque vésicule se divise en deux parties : l'*Utricule* avec les canaux demi-circulaires et le *Saccule* avec la *Lagénule* (Limaçon). Ce « labyrinthe membraneux », rempli d'endolymphe, est entouré de périlymphe, et est plus tard enveloppé, par du cartilage ou par des os, les ossa otica, les otiques (labyrinthe osseux).

L'épithélium interne se différencie en cellules sensorielles (*cellules acoustiques*), munies de soies ou *cils acoustiques* dans *sept* régions chez les Poissons, et dans huit chez les Amphibiens et les Sauropsidés ; cette modification de l'épithélium apparaît au niveau des crêtes et des taches acoustiques (fig. 3). Chez les *Mammifères*, la Macula neglecta et la M. lagenaris font défaut, tandis que la *Papille acoustique basilaire* s'élève au rang d'organe de Corti, destiné à la perception des sons.

L'*Ampoule* de chacun des canaux demi-circulaires renferme une crête statique avec de longs poils auditifs.

L'*Utricule* possède la « Tache acoustique de la fossette demi-ovoïde de l'utricule » et la Macula neglecta.

Dans le *Saccule* se trouvent la « Tache acoustique du saccule » et la « Tache de la lagénule » ; chez les Amphibiens déjà, la lagénule tend à se distinguer du saccule ; on trouve chez eux la première ébauche de la Papille acoustique.

Dans les taches acoustiques, les poils auditifs relativement courts sont enfoncés dans une membrane de recouvrement fibreuse qui renferme de petits cristaux ou bien (chez les Ganoïdes osseux et les Téléostéens) des plaques calcifiées ou Statolithes.

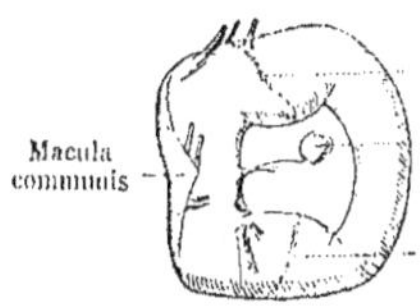

1. Labyrinthe de **Myxine glutinosa**, vue supéro-interne.

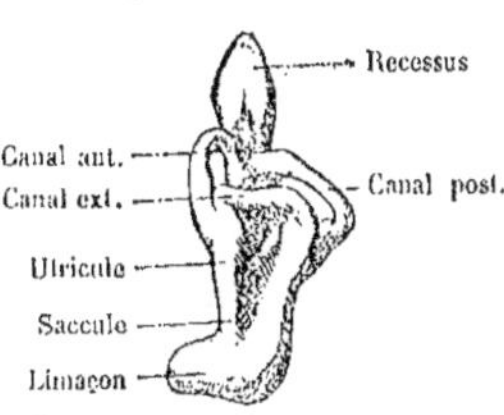

2. « Vésicule du labyrinthe » gauche d'un **embryon humain** de 5 semaines. Vue extérieure. 17/1.

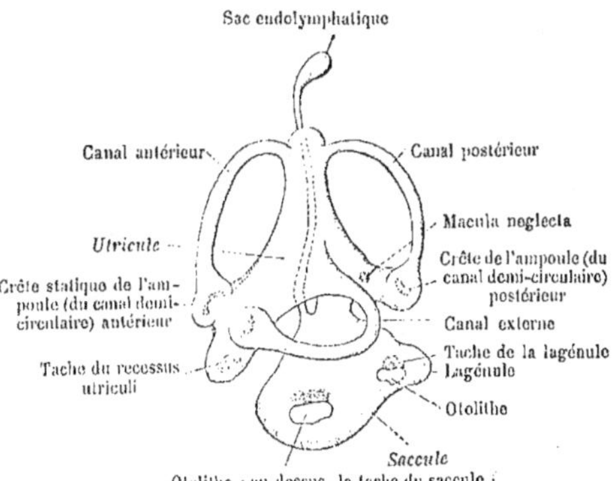

3. Labyrinthe membraneux gauche des vertébrés (figure demi-schématique).

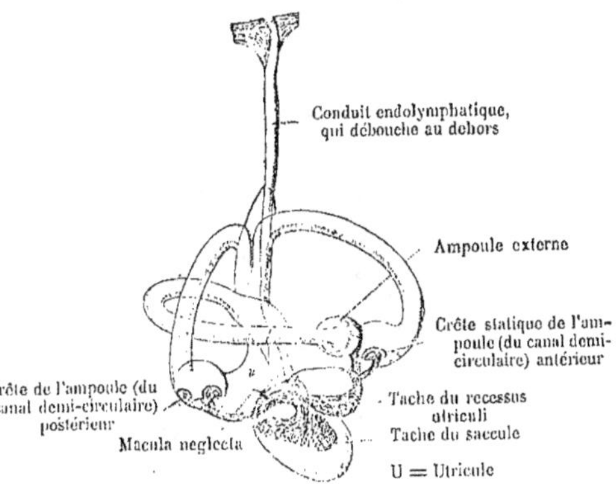

4. Labyrinthe de la **Chimaera monstrosa**. Face externe. Environ 1/2 grandeur naturelle. Fig. 2 d'après Ilis, 1 et 4 d'après Retzius.

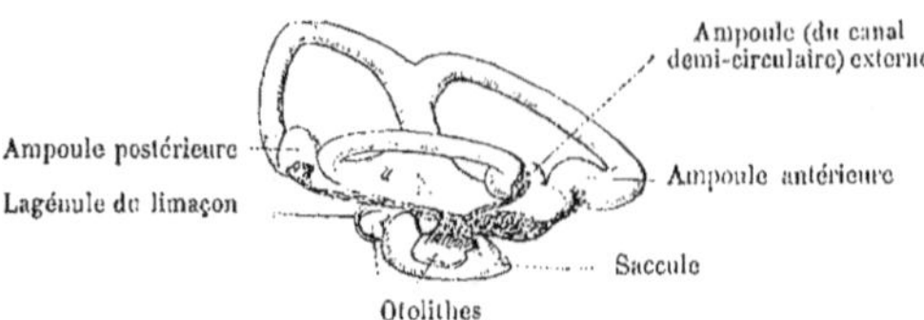

5. Labyrinthe de **Gasterosteus spinachia** (Épinoche).
Face externe. 3/1.

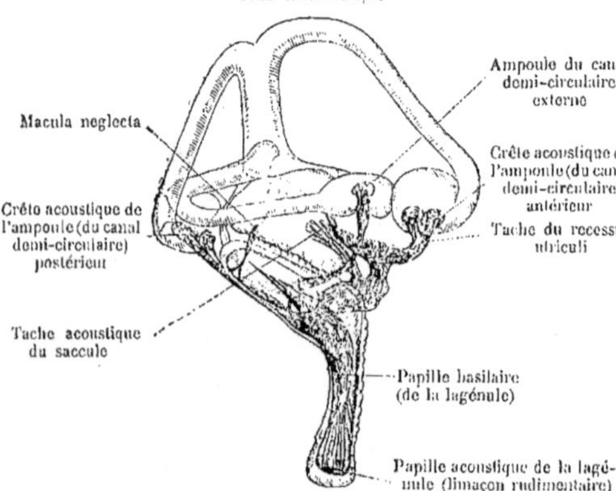

6. Labyrinthe membraneux de l'**Alligator mississipiensis**,
5/2. Face externe.

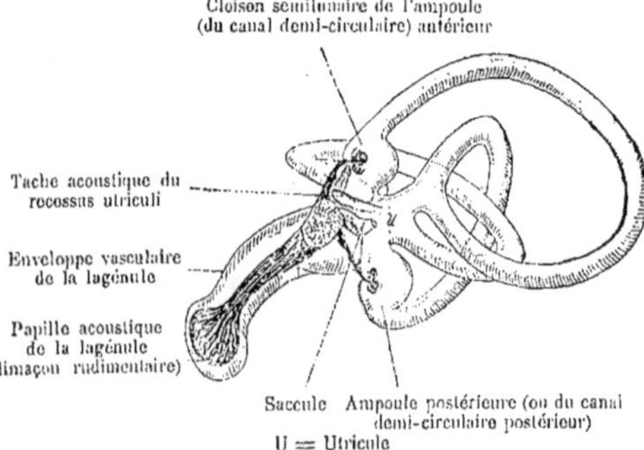

7. *Labyrinthe* membraneux du **Turdus musicus**. Face interne. 7/3.

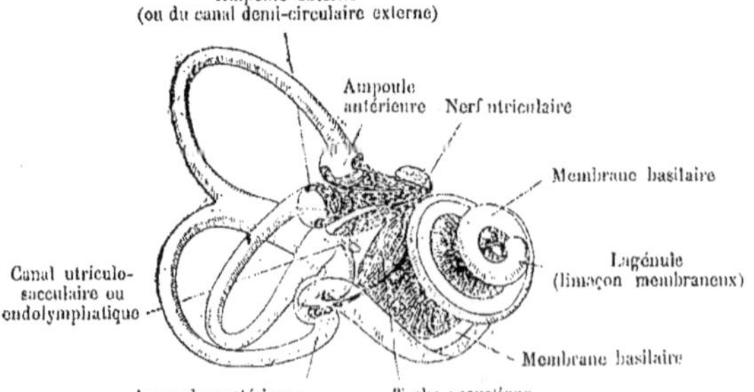

8. Labyrinthe membraneux du **Lapin** ; face externe. 7/1.
Fig. 5-8 d'après Retzius.

Chez les animaux à respiration pulmonaire, le labyrinthe acquiert une plus grande valeur ; sa structure est plus délicate, son rôle devenant lui-même bien plus important à cause des bruits et des sons qui, dans l'air, atteignent un degré de complexité beaucoup plus élevé que dans l'eau.

Chez les Poissons, la *transmission des ondes sonores* dans le sac endolymphatique du labyrinthe était assurée par la capsule crânienne placée immédiatement sous la peau ; chez les animaux qui vivent dans l'air, ce phénomène de transmission ne peut se produire qu'à l'aide d'organes accessoires tels que : 1° des *membranes* tendues et vibrantes (membrane du tympan, membrane de la fenêtre ovale et de la fenêtre ronde dans la paroi du labyrinthe osseux) ; 2° un appareil régulateur surajouté, les *osselets de l'oreille moyenne*, et 3° un appareil *conducteur du son*, ayant pour origine la partie permanente de la première fente branchiale : le conduit auditif externe et la caisse du tympan avec la trompe d'Eustache ; chez les Mammifères, s'ajoute le *pavillon de l'oreille*, repli cutané qui a pour fonction de recueillir les ondes sonores.

Les Amphibiens et les Sauropsidés ne possèdent qu'une seule tige osseuse, la *Columelle* (Hyomandibulaire des Poissons), dont les extrémités mobiles sont en rapport, d'une part avec la membrane du tympan, et d'autre part avec la fenêtre ovale ; chez les Mammifères, entre l'*étrier* (Columelle) et la membrane du tympan, sont intercalés l'enclume (avec l'os lenticulaire) et le marteau (Articulaire de la mâchoire inférieure). Cet ensemble osseux constitue un appareil régulateur qui, par son élasticité, atténue en quelque sorte les ébranlements par trop forts de la membrane du tympan et, au contraire, transmet à la fenêtre ovale, en les renforçant, les vibrations qui seraient trop faibles pour atteindre sa membrane sans leur intermédiaire.

Canal intestinal.

Différents organes ont pour origine l'intestin ; ce sont :

1. Les *poches pharyngiennes* ou *branchiales* qui se forment aux dépens du pharynx, au nombre de 5 à 6 paires, ou qui peuvent même atteindre un chiffre plus considérable. La première paire de ces poches, située entre l'arc maxillaire et l'arc hyoïdien, peut devenir les évents chez les Sélaciens, ou se transformer en parties accessoires de l'organe auditif (Trompe d'Eustache et Caisse du tympan des animaux vivant dans l'air).

2. La *glande thyroïde* et le *thymus*. — La glande thyroïde apparaît dans l'ontogénie : a) sous la forme d'une ébauche impaire ventrale, phylétiquement ancienne (gouttière hypobranchiale des Tuniciers et de l'Amphioxus), au voisinage du second arc branchial, et b) comme une prolifération épithéliale, paire, de la quatrième fente branchiale ; chez quelques Reptiles, toutefois, cette ébauche n'existe que du côté gauche ;

Schéma du Tube digestif et de ses annexes. D'après Bonnet.

3. La *vessie natatoire* ou les *Poumons*, ces deux organes ayant pour origine un diverticule impair de l'intestin antérieur primitif, diverticule qui est dorsal dans le cas du premier, et ventral dans le cas du second ;

4. L'*Estomac* ;

5. L'*Intestin moyen* dont la muqueuse, riche en glandes, joue un grand rôle dans l'absorption, et voit sa surface multipliée grâce à de nombreuses villosités et de nombreuses valvules ;

6. Le *Foie*, le *Pancréas* et la *Rate* ;

7. Les *Appendices pyloriques* des Téléostéens ;

8. Le *sac vitellin*, comme organe embryonnaire des Poissons et des Amniotes ;

9. L'*Intestin terminal*, muni souvent de cæcums ;

10. La *Vessie*, qui, chez les embryons des Amniotes, revêt une forme allongée, et constitue l'Allantoïde ;

11. L'*Intestin caudal* qui, pendant la vie embryonnaire, communique avec le tube nerveux par l'intermédiaire du canal neurentérique (page 8, 2) ;

Avec l'intestin se mettent à un moment donné en relation directe les formations ectodermiques suivantes :

12. La *fossette buccale* (Stoméon) (Glandes, Dents, Poils, Epithélium sensoriel, Hypophyse, etc.).

13. La *fossette anale* (Proctéon).

Pour ce qui concerne les *organes respiratoires*, consulter séparément chacune des Classes des Vertébrés.

Système vasculaire.

A côté du système vasculaire sanguin *clos* des Vertébrés, il existe deux systèmes vasculaires *ouverts* qui ont leur origine dans les lacunes creusées dans le tissu conjonctif : les vaisseaux *chylifères* qui transportent dans les veines le chyle qu'ils recueillent dans la muqueuse intestinale, et les vaisseaux *lymphatiques* qui ramènent au système veineux la lymphe, répandue dans les tissus, et provenant du plasma sanguin qui a transsudé à travers les parois des vaisseaux capillaires.

Dans le sang, comme dans la lymphe, on distingue le *Plasma* et les *Éléments figurés* : globules du sang *rouges* et globules du sang *blancs* (Leucocytes, Corpuscules lymphatiques, Phagocytes). L'Amphioxus et de nombreux alevins ne possèdent que des globules *blancs*. Les globules *rouges* de la plupart des Poissons, des Amphibiens et des Sauropsidés ont une forme ovale et sont pourvus d'un noyau ; leur taille est très variable (chez le Proteus : 63 μ ; chez le Protopterus et l'Axolotl : environ 44 μ ; chez les Anoures : 18-25 μ ; chez les Poissons : 5-33 μ ; chez les Oiseaux : 12-14 μ, et enfin chez les Mammifères : 2,9-10 μ).

L'ébauche du *cœur* est originellement impaire (Sélaciens et Amphibiens) ; chez les Téléostéens et les Amniotes, par suite des variations qui surviennent dans la période de fermeture de la paroi du pharynx, cette ébauche est double.

Les *voies lymphatiques* ne sont encore nettement différenciées ni chez les Poissons, ni chez les Amphibiens, ni chez les Reptiles ; elles forment, par exemple, des gaînes autour des vaisseaux sanguins, ou bien se dilatent et constituent sous la peau de grands espaces lymphatiques lacunaires (Amphibiens anoures) etc. Chez les animaux à température constante, au contraire, on distingue deux troncs principaux situés à gauche : l'un antérieur, l'autre postérieur, qui s'ouvrent dans le tronc veineux brachio-céphalique gauche. Chez ces mêmes animaux, les vaisseaux lymphatiques sont, comme les veines, pourvus de *valvules* qui empêchent la stase et le reflux de la lymphe.

Quant aux *cœurs lymphatiques*, on ne les rencontre que chez les animaux à température variable. Chez les Anoures, ils sont pairs, et situés, de chaque côté, entre le bassin et le coccyx, ou encore, entre les apophyses transverses de la 3e et de la 4e vertèbre ; les *Urodèles* possèdent de nombreux cœurs lymphatiques le long de la ligne latérale sous la peau. Deux cœurs lymphatiques qui se contractent rythmiquement se trouvent chez les *Reptiles* ; ils sont situés à la limite de la région du tronc et de la région caudale, sur des apophyses transverses des vertèbres ou sur des côtes.

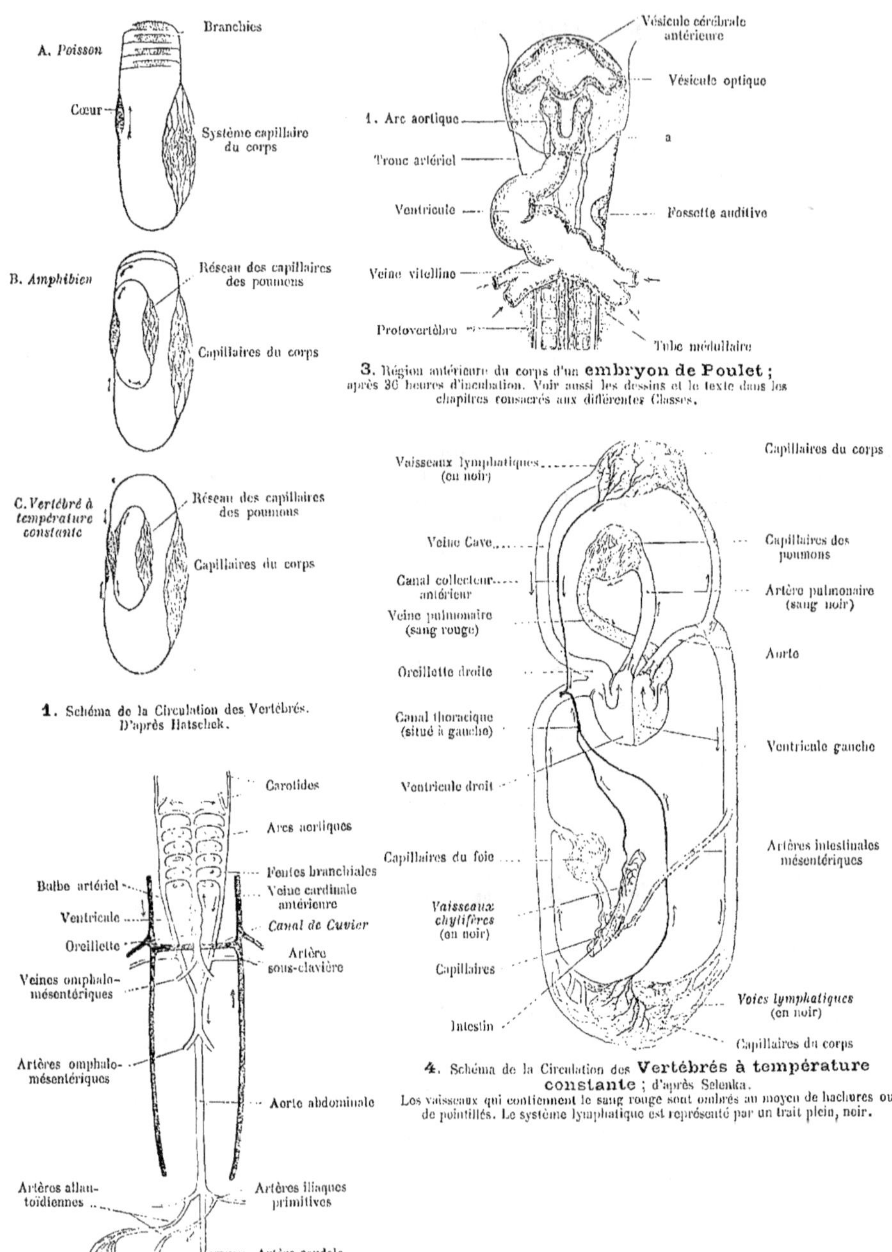

1. Schéma de la Circulation des Vertébrés. D'après Hatschek.

3. Région antérieure du corps d'un **embryon de Poulet;** après 36 heures d'incubation. Voir aussi les dessins et le texte dans les chapitres consacrés aux différentes Classes.

2. Schéma du système vasculaire *artériel* embryonnaire. Dans Wiedersheim.

4. Schéma de la Circulation des **Vertébrés à température constante;** d'après Selenka. Les vaisseaux qui contiennent le sang rouge sont ombrés au moyen de hachures ou de pointillés. Le système lymphatique est représenté par un trait plein, noir.

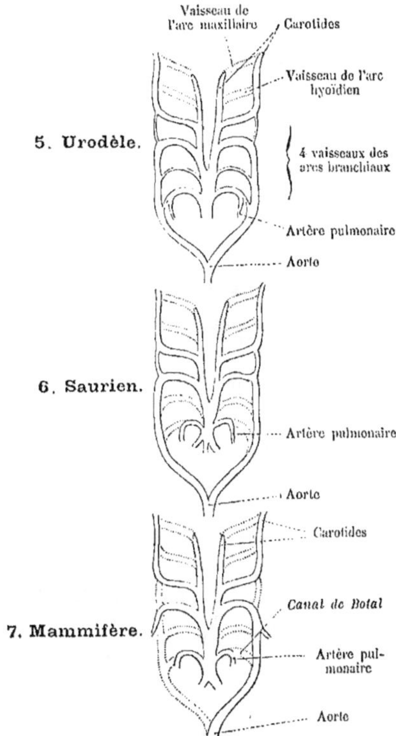

Schémas représentant les 6 *Arcs aortiques* primitifs ;
ceux qui disparaissent dans le cours du développement sont ponctués.
D'après Boas.

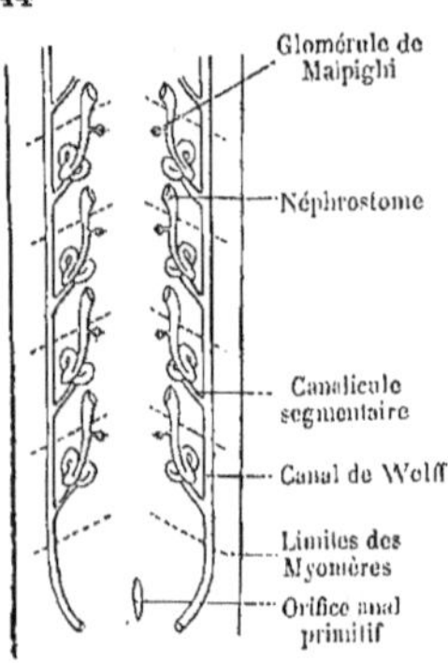

1. Schéma du **Rein primitif** d'un Vertébré. D'après Hatschek.

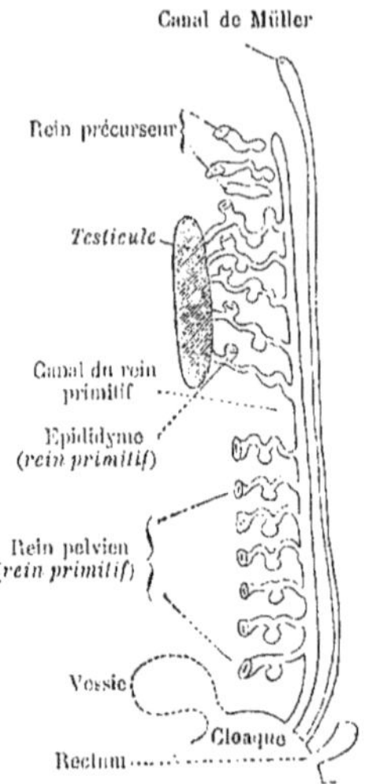

2. Appareil génito-urinaire des **Amphibiens mâles.**

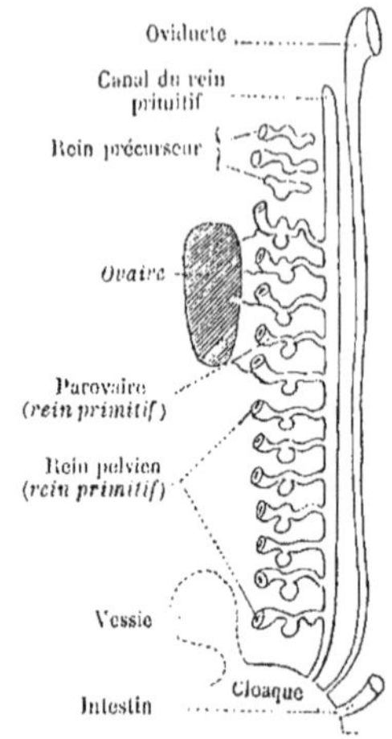

3. Amphibiens femelles.

Organes génitaux et urinaires.

Ces deux appareils présentent, chez les Vertébrés, des rapports onto- et phylogéniques très étroits.

Dans la série des Vertébrés, on rencontre des **organes excréteurs** de trois sortes :

1. Le plus ancien est le *Rein précurseur* ou rein céphalique (*Pronéphros*), avec son *Canal du rein précurseur* (canal excréteur s'ouvrant à l'extérieur chez les ancêtres des Vertébrés ?). Le Pronéphros provient la plupart du temps de 2 ou 3 « canalicules du rein précurseur » métamériques, pourvus chacun d'un entonnoir vibratile ; vis-à-vis de chaque entonnoir est situé un peloton de vaisseaux, le *glomérule*, qui laisse rarement (c'est toutefois le cas chez l'*Ichthyophis*) reconnaître encore une disposition segmentaire.

Chez l'*Amphioxus*, il existe des canalicules urinifères (Canalicules du rein précurseur) dans la région branchiale du tube digestif ; chez tous les *Poissons* proprement dits, cependant, ces canalicules sont devenus un organe transitoire, de la phase embryonnaire ou larvaire seulement. Il ne persiste dans la période adulte que chez les Cyclostomes. Les *Amphibiens* possèdent de grands reins précurseurs embryonnaires ; par contre, ceux-ci font défaut aux *Amniotes* chez lesquels ils ne sont représentés que par des rudiments sans importance (Pourtour de l'orifice abdominal ou « pavillon de la Trompe » chez les Amniotes femelles).

Le canal du rein précurseur (Page 9, fig. 6)
existe chez tous les Vertébrés, mais il peut présider à des fonctions diverses.

2. Le rein primitif, *Mésonéphros*, présente un développement tout à fait indépendant. Il a pour origine de petits tubes métamériques, qui correspondent aux canalicules primitifs faisant communiquer les somites avec le cœlome (Page 9, fig. 6). Ces canalicules du rein primitif s'abouchent ensuite avec le canal du rein précurseur qui devient le *Canal du rein primitif* ou *Canal de Wolff.*

Tous les Vertébrés proprement dits possèdent un rein primitif typique ; celui-ci est un organe persistant chez les Anamniens ; chez les Amniotes, au contraire, c'est un organe de la période embryonnaire ou larvaire ; toutefois, certaines de ses parties peuvent affecter des rapports avec l'appareil génital et former le *Rete testis*, les *Canaux efférents*, l'*Épididyme*, etc. — Peut-être bien les « chambres génitales » de l'Amphioxus sont-elles les homologues des Canalicules du rein primitif.

3. Le rein pelvien, ou *Métanéphros*, est l'organe excréteur définitif des Amniotes. Ce « Rein définitif » doit être regardé comme correspondant à la région postérieure du rein primitif, car il provient de ce dernier. Les canaux excréteurs (Uretères) du Métanéphros ont pour origine les canaux du rein primitif ; ils apparaissent sous la forme de bourgeons creux, et s'ouvrent dans la Vessie.

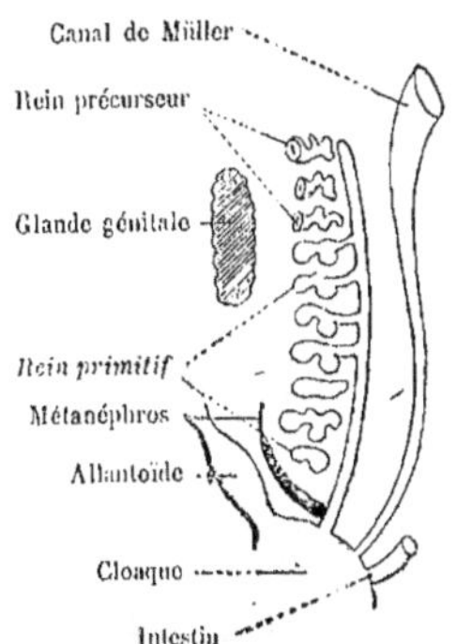

4. Amniotes.
Stade d'indifférence sexuelle.

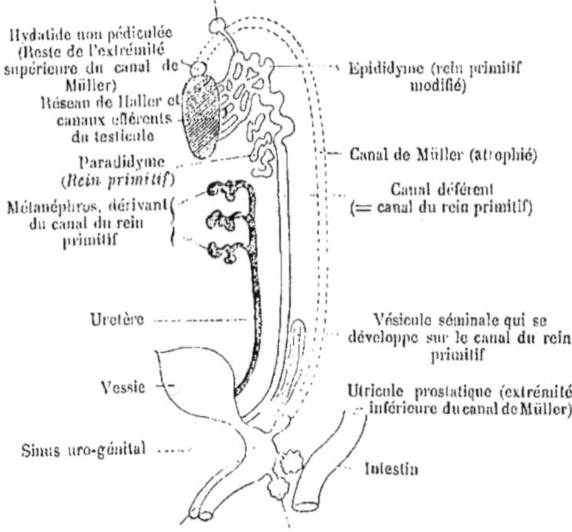

5. Amniotes mâles.

La région vraiment active de la glande excrétrice ou *Rein*, celle où le sang se débarrasse, sous forme d'un liquide appelé *urine*, des substances azotées, salives, etc., est la région des *glomérules de Malpighi*. Chez beaucoup d'Amphibiens et de Sélaciens, et pendant toute leur existence, ainsi que chez les Reptiles, pendant leur développement embryonnaire, des *entonnoirs vibratiles* président encore à l'excrétion de l'eau contenue dans le cœlome ; chez les autres Vertébrés, au contraire, les reins n'ont pas de communication avec la cavité générale.

Les **replis génitaux** ou replis germinatifs (V. page 9) apparaissent sous la forme de lames, ou éminences sexuelles faisant saillie au milieu des « corps de Wolff ». L'épithélium du cœlome ou *épithélium germinatif* prolifère en s'enfonçant dans les lames génitales, et forme les cordons génitaux (mâles et femelles) ; certaines cellules grossissent plus que les autres et deviennent les *ovules primordiaux* (ou bien les éléments mâles primordiaux) ; elles sont entourées de cellules « germinatives » ou « du follicule » indifférentes. La *maturation* de l'œuf est accompagnée de l'expulsion des

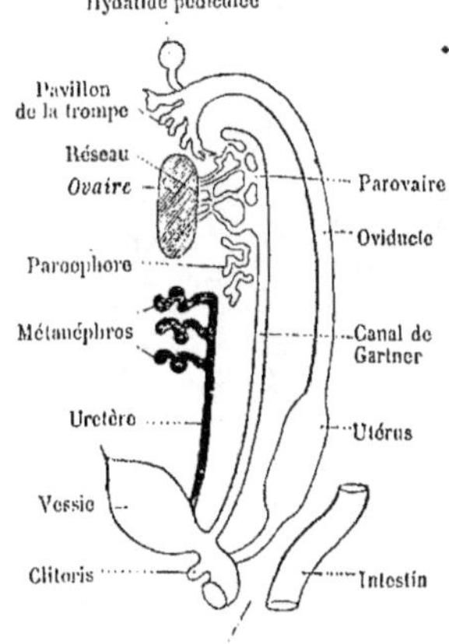

6. Amniotes femelles.

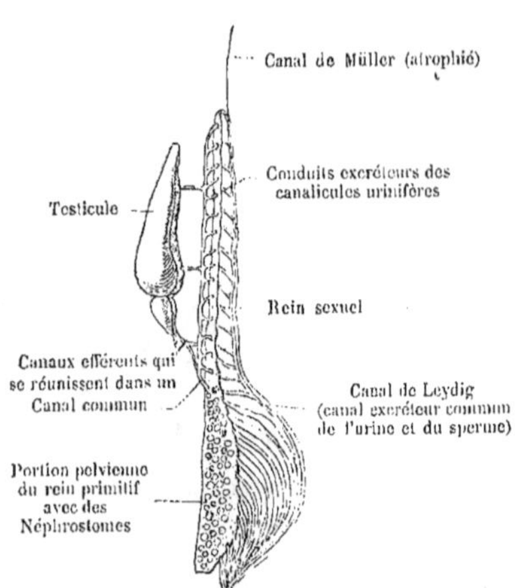

7. Schéma du Système génito-urinaire d'un *Urodèle* mâle (Triton). D'après Spengel.

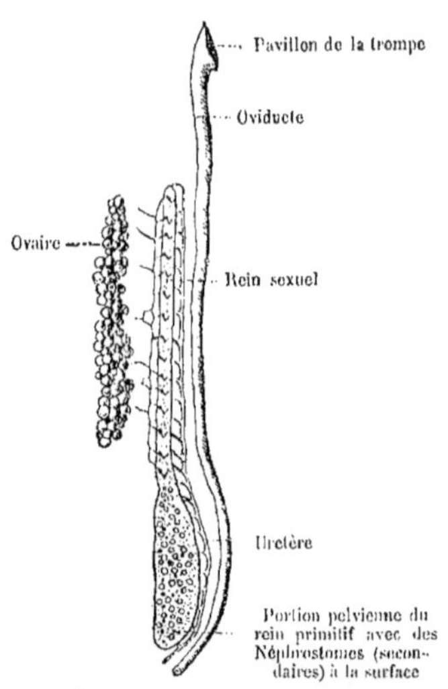

8. Schéma du Système génito-urinaire d'un *Urodèle* femelle (Triton). D'après Spengel.

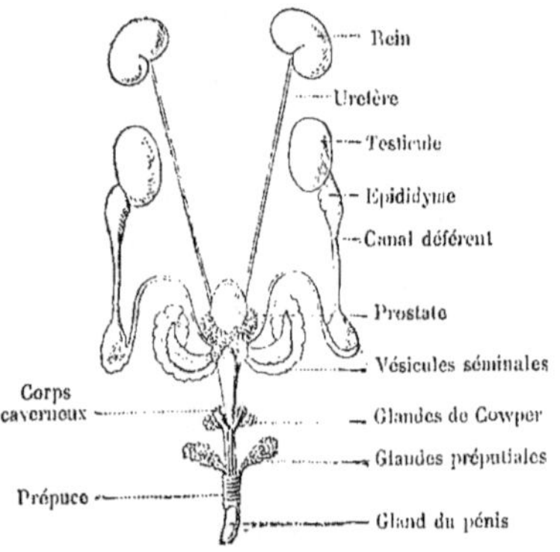

9. Appareil génito-urinaire du Hérisson mâle, **Erinaceus europæus**. D'après Wiedersheim.

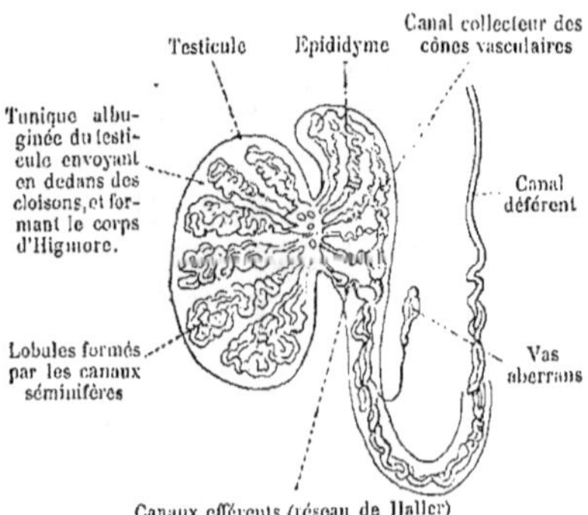

10. Schéma du *Testicule des Mammifères*. D'après Wiedersheim.

« globules polaires » qui se fait par *deux divisions successives* ; l'élément femelle contient alors une quantité plus ou moins grande de réserve nutritive (Vitellus nutritif). La cellule mâle primordiale (Spermatogonie), au contraire, se divise plusieurs fois de suite, et produit un groupe de cellules mères de spermatozoïdes (Spermatocytes), dont chacune, par deux divisions successives, donnera naissance à quatre cellules équivalentes (Spermaties) qui deviennent des spermatozoïdes. Chez ces dernières, on distingue le *Noyau* (qui, généralement arrondi et renflé, constitue la tête), le *Centrosome* placé à côté du noyau, et la *Queue*.

Chez les *Sélaciens* et chez les Vertébrés à *respiration aérienne*, le rein précurseur et le rein primitif contractent des rapports avec l'appareil génital. — Chez la *Femelle*, le rein précurseur se place au pourtour du pavillon de la trompe, et, du canal du rein primitif, se sépare un oviducte ou canal de Müller. (Chez les Amniotes, ce dernier prend naissance indépendamment du canal du rein primitif ; mais, cependant, les deux canaux ont *même origine première*). La portion antérieure du rein primitif du *Mâle* est destinée à recevoir le sperme, tandis que le canal de Müller reste rudimentaire.

Quand persiste le rein primitif (Anamniens), son canal fonctionne comme canal excréteur commun de l'urine et du sperme ; quand, au contraire, le rein primitif n'est qu'un organe transitoire (Amniotes), son canal est purement et simplement un spermiducte, car l'expulsion de l'urine s'effectue alors par les Uretères.

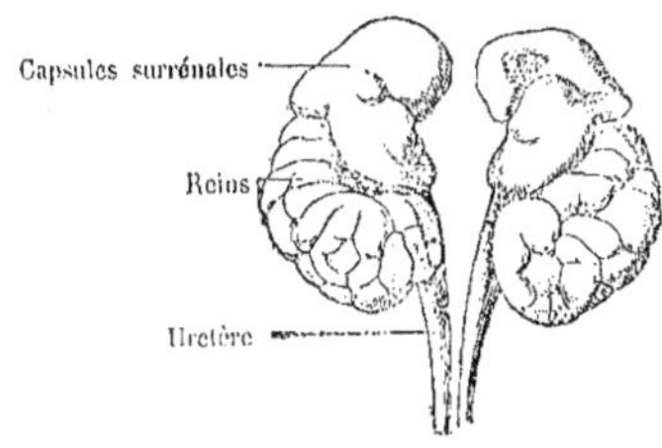

11. Reins et capsules surrénales d'un embryon humain.
Face ventrale. D'après Wiedersheim.

Remarques
sur la **Nutrition du Fœtus** chez les Vertébrés vivipares.

A l'exception des Oiseaux qui sont ovipares, toutes les autres Classes des Vertébrés possèdent des formes ovipares et vivipares.

Chez les *Vertébrés à température variable*, la règle est que la femelle ponde des œufs ; il se peut toutefois que l'embryon soit « porté » par la mère et acquière en elle un développement plus ou moins avancé ; dans ce cas, les échanges qui s'opèrent entre les deux êtres peuvent s'effectuer de manières fort diverses.

Rarement, comme c'est le cas chez les *Ophidiens*, le long séjour de l'œuf dans l'Oviducte a simplement la signification d'un *moyen de protection* contre les dangers possibles, la mère se contentant ici d'assurer la respiration de l'embryon par l'échange des gaz, sans lui procurer de matériaux nutritifs. Dans la plupart des cas, le fœtus reçoit du parent (mère ou père) des *substances alimentaires*. La nature de ces dernières, leur origine et la façon dont elles sont incorporées par l'embryon, tous ces détails peuvent varier beaucoup suivant les animaux ; ces rapports réciproques de la mère et de l'embryon peuvent même amener quelquefois des transformations tout à fait surprenantes, concernant aussi bien les organes maternels que les organes embryonnaires :

1. Les jeunes de **PIPA AMERICANA** se logent dans de nombreuses poches *cutanées* de la région dorsale de la mère, et y subissent une métamorphose abrégée (p. 64, 7) ; les espaces lymphatiques sous-cutanés et les glandes de ces poches leur fournissent la nourriture. — Parmi les Téléostéens, les *mâles* des Lophobranches recueillent les œufs dans une vaste poche (**HIPPO-CAMPE**) ou dans un double repli (**SYNGNATHUS**) de la queue, et leur fournissent un liquide muqueux alimentaire qui, des capillaires cutanés multipliés dans d'énormes proportions, s'épanche dans la cavité incubatrice. — Les mâles d'un **SILURE** (Arius) transportent avec eux dans leur bouche les grands œufs fécondés, jusqu'à ce que les embryons se soient développés etc.

2. Généralement, cependant, les *oviductes* et quelquefois les *ovaires* assurent la nutrition et la respiration des embryons. — *Sélaciens :* chez **Mustelus laevis**, l'Emissole lisse d'Aristote, le précepteur d'Alexandre avait déjà observé les liens étroits qui sont ménagés entre la mère et le fœtus par l'organe connu sous le nom de *Placenta* ; la vésicule ombilicale présente des plis saillants très vasculaires qui pénètrent dans des dépressions de la muqueuse de l'oviducte (utérus). La même disposition se retrouve chez **Carcharias**, tandis que chez les autres Raies et Squales vivipares, ce sont les villosités utérines très riches en vaisseaux qui fournissent l'oxygène et la substance muqueuse nutritive à la membrane poreuse et lisse de l'œuf situé dans ce même utérus. — *Poissons osseux :* chez la Blenne vivipare, **Zoarces viviparus**, les œufs reçoivent leur nourriture, dans la cavité de l'ovaire, de villosités très vasculaires qui se trouvent à l'intérieur de cette glande : le liquide séreux qui renferme un grand nombre de globules sanguins est introduit par les embryons dans leur intestin au moyen de mouvements de déglutition. Le même phénomène paraît se produire chez **Embiotoca**. Les embryons de l'**Anableps** se nourrissent, eux aussi, grâce aux villosités de leur vésicule ombilicale qui est très vasculaire ; ces villosités servent à l'absorption des liquides nutritifs que sécrètent les parois des loges de l'ovaire. — *Amphibiens :* chez **Salamandra atra**, au moment où commence la gestation, une grande partie de la muqueuse utérine se désagrège et tombe, entraînant avec elle des globules sanguins (émigrés) dans la cavité de l'utérus, pour s'y mélanger avec les masses ovulaires décomposées (40-60 œufs dans chaque ovaire), et former ainsi une « bouillie faite de sang et d'œufs ». Un seul parmi les œufs les plus éloignés dans la cavité abdominale se développe généralement de chaque côté. Après l'accouchement, la muqueuse utérine se régénère. Chez **Nototrema**, de grands sacs branchiaux en forme de cloche entourent l'embryon contenu dans la poche dorsale de la mère etc. — *Reptiles :* Les œufs de **Zootoca** (Lacerta) **vivipara** ne possèdent pas de coque calcaire ; ils sont peu résistants et, jusqu'au moment de l'éclosion de l'embryon, séjournent dans les oviductes. **Seps chalcides** donne naissance à de très petits œufs, mais ceux-ci, pendant toute leur existence intrautérine sont nourris par la muqueuse de l'utérus qui présente des villosités et de nombreux vaisseaux ; les papilles et les plis saillants du *Placenta allantoïdien* très vasculaire pénètrent dans cette muqueuse ; un deuxième placenta, le *placenta formé par la vésicule ombilicale*, est moins développé. — **Mammifères** : Tandis que chez les animaux à température variable, la viviparité constitue une exception, et s'effectue de façons les plus diverses, et sans règle aucune, les relations réciproques qui s'établissent entre la mère et le fœtus chez les Mammifères, laissent, au contraire, reconnaître un perfectionnement graduel et continu dans le mode d'alimentation de l'embryon (Voir : Mammifères).

Pisces, Poissons.

Les Poissons sont des Vertébrés aquatiques, à respiration branchiale ; très généralement, ils possèdent dans la peau des écailles calcaires d'origine dermique. Leur corde dorsale est épaisse. Leur squelette est simplement cartilagineux, ou bien il est constitué par du cartilage calcifié, ou enfin, il est osseux ; chez les Téléostéens eux-mêmes, le crâne primordial persiste le plus souvent encore sur une étendue considérable. La vertèbre type est biconcave ; la plupart du temps elle ne s'articule pas avec ses semblables ; aussi, a-t-on affaire à une colonne vertébrale rigide. Les nageoires sont paires ou médianes ; quant aux ceintures scapulaire et pelvienne, elles ne prennent pas encore appui sur le squelette axial. Dans le crâne qui est très développé sont logés les organes des sens atteignant d'ailleurs de grandes dimensions. Des dents sont distribuées dans différentes régions de la cavité buccale. Quelquefois, on rencontre les reins précurseurs ; les reins primitifs persistent pendant toute la vie. Le cerveau est petit ; les yeux sont pourvus d'un appareil d'accommodation : dans la vision éloignée, le cristallin s'aplatit ; il devient, au contraire, plus convexe dans la vision rapprochée.

La circulation est simple : le ventricule chasse, en effet, le sang dans les capillaires des branchies, et ensuite dans l'aorte et les capillaires du corps (page 42). Les Poissons sont des Vertébrés à température variable. — Chez quelques rares Ganoïdes et chez les Dipnoïques, la respiration s'effectue aussi par les capillaires de la vessie natatoire. La plupart des Poissons sont ovipares ; un grand nombre de Raies et de Squales, ainsi que quelques Téléostéens sont cependant vivipares. Chez Petromyzon et Anguilla, on observe des phénomènes de métamorphose.

Les poissons qui vivent dans les grands fonds de la mer possèdent des « organes phosphorescents » ; ce sont des glandes en tubes, ou bien, des cellules fusiformes dont la sécrétion est phosphorescente (ces organes serviraient soit à effrayer les autres animaux, soit à attirer ceux qui peuvent être une proie, soit, tout simplement, à éclairer l'animal même qui les porte).

1. CYCLOSTOMES.

Au-dessus de la corde dorsale qui est persistante, il existe de petites pièces cartilagineuses correspondant aux Neurapophyses : ces éléments contribuent à former le squelette axial. La capsule crânienne cartilagineuse renferme les 5 vésicules cérébrales ; la « cage branchiale » cartilagineuse, elle aussi, contient les sacs branchiaux au nombre de 6 à 7 paires ; ces derniers sont même souvent plus nombreux chez les embryons. Les organes suivants font encore défaut chez les Cyclostomes : colonne vertébrale, mâchoires, côtes, membres pairs, écailles, dents véritables, vessie natatoire. Le pancréas et la rate restent à l'état d'ébauches. Les reins primitifs n'entrent pas encore en relation avec la glande génitale ; aussi les produits sexuels, arrivés à maturité, tombent-ils dans la cavité viscé-

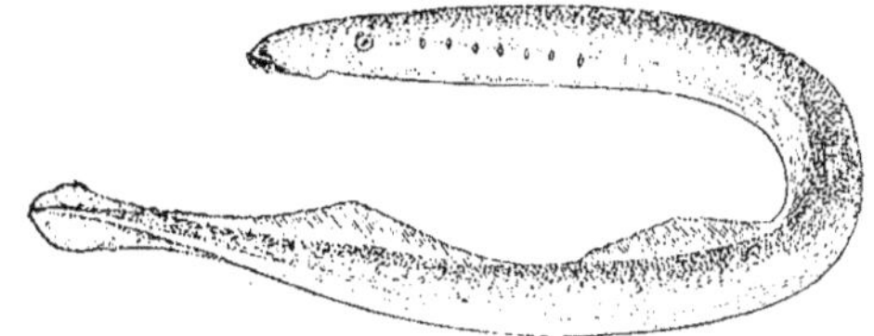

1. Petromyzon fluviatilis, Lamproie.

Cavité buccale armée de nombreuses dents cornées. Les lamproies remontent en automne de la mer dans les fleuves ; après l'époque du frai qui a lieu en Avril et en Mai, elles périssent bientôt ; leurs larves ont reçu le nom d'Ammocètes.

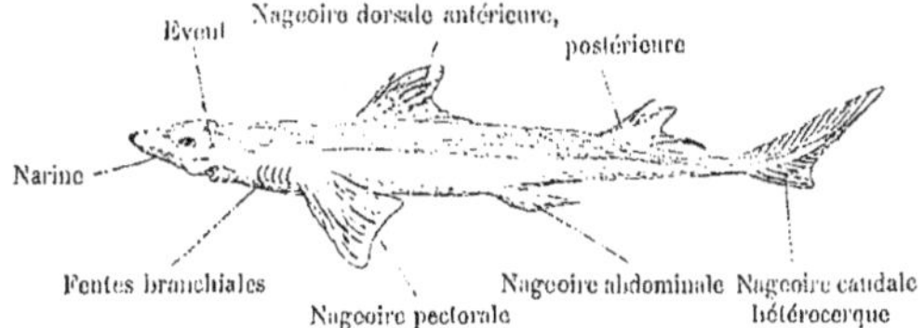

2. Acanthias vulgaris.

rale et sont-ils expulsés au dehors par le Pore abdominal situé sur la face ventrale. Un ou deux canaux demi-circulaires au labyrinthe (page 38, 1). L'organe olfactif même est impair ; toutefois, il existe deux nerfs olfactifs. La langue joue le rôle d'un piston et constitue un organe de succion.

Pétromyzontidés (Hyperoartia), Lamproies. Fosse nasale terminée en cul-de-sac. De nombreuses petites dents cornées dans la cavité buccale. Les 7 paires de poches branchiales partent d'un canal commun (le sac branchial) situé au-dessus du pharynx et s'ouvrent chacune séparément au dehors. **Petromyzon fluviatilis**, Lamproie fluviatile, dont la larve est l'*Ammocætes* ; **P. marinus.** — *Myxinoïdes* (Hyperotreta) ; la fosse nasale communique avec la cavité buccale. Les 6 conduits branchiaux se réunissent de chaque côté en un canal commun qui s'ouvre sur la face ventrale de l'animal. **Myxine glutinosa**, vit dans les mers du Sud. — Hermaphrodites.

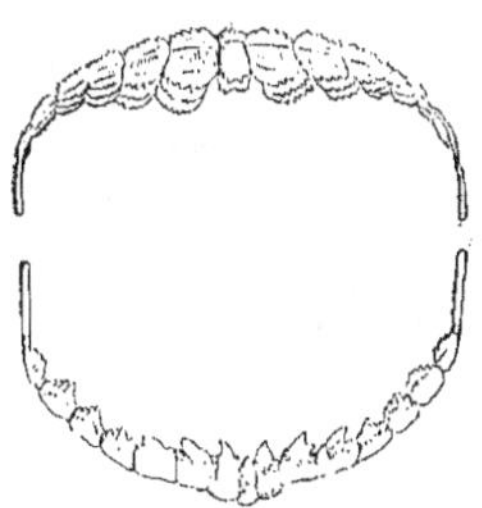

3. Mâchoires du **Notidanus** (Heptanchus) **indicus.**
Dans la mâchoire supérieure, on distingue la rangée des dents de remplacement.

2. PLAGIOSTOMES.

Sélaciens. Elasmobranches.

Poissons marins, voraces, avec un squelette cartilagineux et des écailles placoïdes. Autour de la corde dorsale, se développent des corps vertébraux cartilagineux ; des *pièces intercalaires* entre les arcs supérieurs et les arcs inférieurs. La nageoire caudale est hétérocerque. Les côtes sont petites, ou même peuvent faire défaut. Le crâne se termine en pointe en avant ; les dents sont implantées dans la muqueuse buccale et sont, durant toute la vie du poisson, remplacées rang par rang par d'autres. Il existe 5, rarement 6 ou 7 paires de poches pharyngiennes (sacs branchiaux) recouvertes de lamelles branchiales ; en avant, se trouve le canal de l'évent (c'est une poche pharyngienne modifiée ; c'est la fente branchiale la plus antérieure, celle qui est située entre les arcs maxillaire et hyoïdien). — Dans l'intestin grêle, on trouve un repli de la muqueuse, la *valvule spirale*, qui prend naissance chez l'embryon par rotation ou torsion du tube épithélial de la muqueuse intestinale ; cette valvule augmente la surface absorbante de l'intestin ; — la vessie natatoire manque. — Le cœur présente un cône artériel. Le système lymphatique est très développé. — Les œufs possèdent une grande quantité de vitellus nutritif.

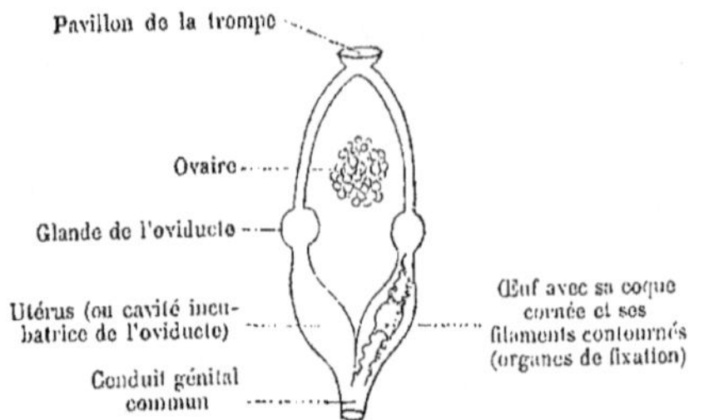

4. Appareil génital femelle des **Sélaciens.** Schéma.

4 a. Schéma d'un **Embryon de Sélacien.**
D'après Selenka.

La coque de l'œuf a été enlevée. Les branchies externes de l'embryon ont la forme de filaments, et ne renferment que de simples anses vasculaires ; sur le vitellus nutritif qui est très abondant, s'étend l'aire vasculaire (vu la taille de l'embryon, cette aire vasculaire devrait être représentée plus développée).

Squalidés, Squales, au corps fusiforme : **Acanthias vulgaris**, Aiguillat. **Carcharias glaucus. Mustelus laevis**, l' « Emissole lisse d'Aristote », vivipare. L'embryon est fixé à la paroi utérine par son sac vitellin qui est très vasculaire (Placenta ombilical). — *Rajidés*, Raies, au corps aplati. Les nageoires pectorales sont étalées horizontalement en avant et en arrière, et s'étendent depuis le museau jusqu'aux nageoires abdominales ; elles ne font, pour ainsi dire, qu'un avec la région de la tête et celle du tronc, et, par suite, les 5 fentes branchiales se trouvent reléguées à la face ventrale du poisson. Les mâchoires portent de petites dents en forme de cônes ou de pavés, destinées à triturer la coquille des Mollusques et la carapace des Crustacés. La région dorsale du corps des Rajidés peut présenter une coloration mimétique de défense, grâce à des cellules pigmentaires. **Raja clavata**, avec de grandes écailles dorsales en forme de plaques ; Europe. **Torpedo marmorata** (Page 26, 3). Torpille, de l'Atlantique à l'Océan Indien. Les masses musculaires situées entre la tête et les nageoires pectorales sont transformées en organes électriques. Vivipares. **Pristis antiquorum**, Poisson-Scie. — *Holocéphales*, Chats de mer. Appareil maxillo-palatin immobile. De très nombreux anneaux calcifiés dans la gaine de la corde dorsale. Branchies pectinées ; les sacs branchiaux s'ouvrent de chaque côté par une fente commune recouverte par un repli cutané. De rares écailles placoïdes, et seulement dans le jeune âge, la peau de l'adulte étant nue. **Chimaera monstrosa.**

3. GANOÏDES.

Ce sont des poissons relativement peu nombreux de nos jours, mais qui constituaient autrefois, pendant les époques géologiques, un ordre très riche en formes diverses. Les branchies pectinées sont libres dans la cavité branchiale qui est fermée par un opercule. L'intestin est pourvu d'une vessie natatoire, d'appendices pyloriques et d'une valvule spirale. Le ventricule présente à sa partie supérieure un cône artériel avec des rangées de valvules. La peau est revêtue d'écailles le plus souvent émaillées et brillantes (vitrodentine) (page 14, 1 et 4).

Chondrostéidés, Ganoïdes cartilagineux. Comme chez les Squalidés, le prémaxillaire et le maxillaire sont rudimentaires, et le palato-carré constitue une sorte de mâchoire supérieure. Les corps vertébraux font défaut ; il existe seulement des *arcs supérieurs* dorsaux, des *arcs inférieurs* ventraux et des *pièces intercalaires*. Le crâne cartilagineux montre un parasphénoïde allongé, osseux, et de nombreux os dermiques superficiels. **Acipenser sturio**, l'Esturgeon (7) ; **A. huso**, le Grand Esturgeon. — *Holostéidés*, Euganoïdes, Ganoïdes osseux. Squelette ossifié. Prémaxillaire et maxillaire bien développés (Ganoïdes, à mâchoires vraies). **Lepidosteus osseus**, le Brochet osseux ; Amérique du Nord. Le cartilage intervertébral forme des vertèbres dites opistocœliques, concaves en arrière, et convexes en avant avec surfaces articulaires. — *Crossoptérygiens* : **Polypterus bichir**, dans l'Afrique occidentale tropicale ; c'est le dernier représentant de cette famille qui remonte au Dévonien. Dans chacun des deux poumons, pénètre une artère qui provient de l'une des deux veines branchiales de la quatrième paire. **Undina** (8), du Jurassique. — **Amia calva**, avec de minces écailles cycloïdes et un cône artériel peu puissant. Les *Amiades* forment le passage entre les Ganoïdes et les Téléostéens.

5. Palaeoniscus Freieslebeni, 1/4.
Formation des Schistes cuivreux.

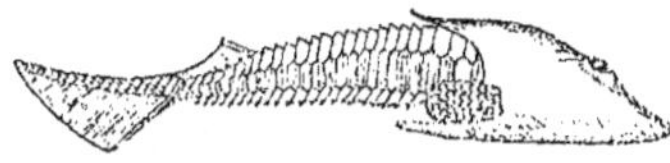

6. Cephalaspis Lyelli, restauré, 1/5.
Old Read.

7. Acipenser sturio, Esturgeon.

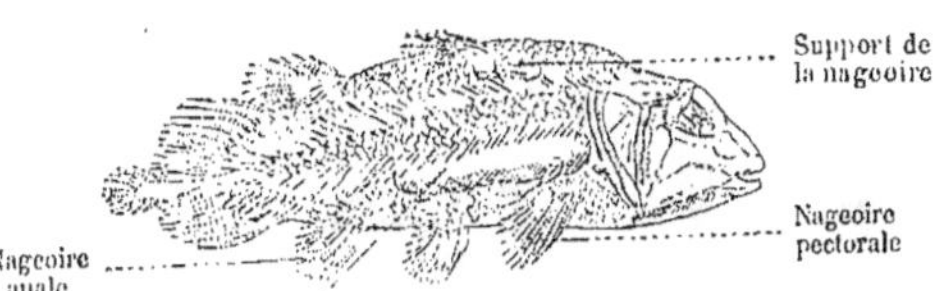

8. Undina penicillata, Jurassique supérieur.

Téléostéens.

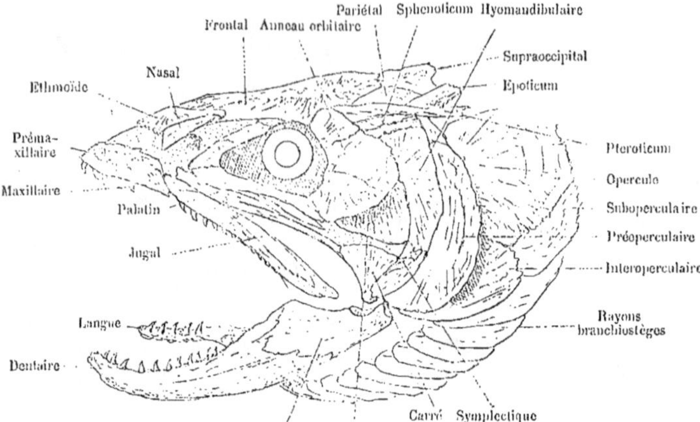

1. Crâne du Saumon. D'après Selenka. Les parties pointillées sont cartilagineuses.

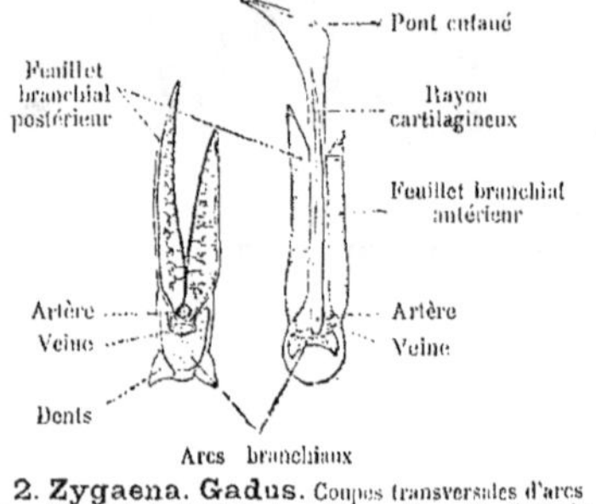

2. Zygaena. Gadus. Coupes transversales d'arcs branchiaux et de feuillets branchiaux. Dans R. Hertwig.

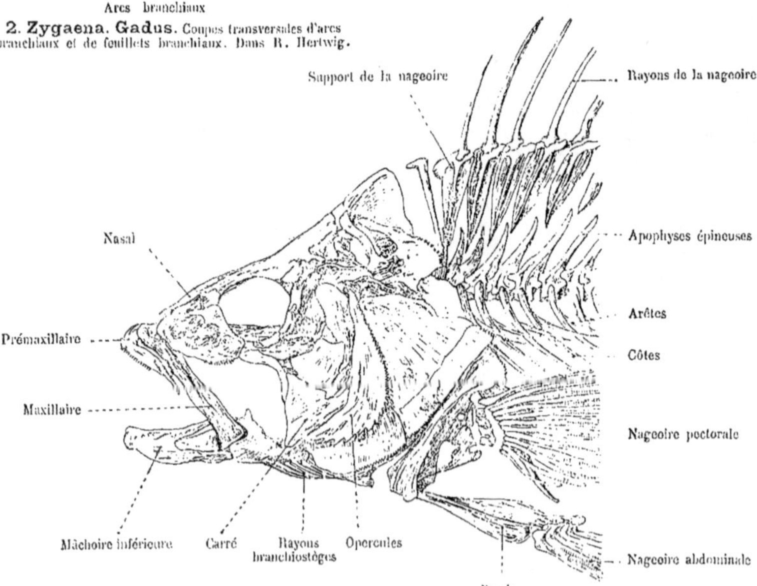

3. Crâne et Squelette de la région antérieure du corps de Perca fluviatilis, Perche de rivière.

4. TÉLÉOSTÉENS.

Poissons osseux.

Les branchies *pectinées* sont recouvertes et protégées par un repli cutané mobile (Rayons branchiostèges). Les *corps vertébraux* sont biconcaves; les *Neurapophyses* s'allongent en apophyses épineuses. Dans la région axiale de la queue, les parapophyses d'une même paire se rejoignent et se soudent sur la ligne médiane, constituant ainsi des arcs inférieurs; la nageoire caudale peut avoir ses deux lobes supérieur et inférieur tantôt symétriques et égaux (nageoire *homocerque*), tantôt asymétriques, le supérieur étant le plus grand (nageoire *hétérocerque*); d'après la forme que présente l'extrémité postérieure de la colonne vertébrale, on distingue aussi une homocercie et une hétérocercie interne : les Squales, par exemple, sont un exemple de poissons à hétérocercie interne et externe. Les *nageoires impaires* (médianes) : *dorsale, caudale et anale* sont soutenues par des rayons qui sont ou bien *raides et inflexibles* (Acanthoptérygiens), ou bien *composés de pièces articulées* (Malacoptérygiens);

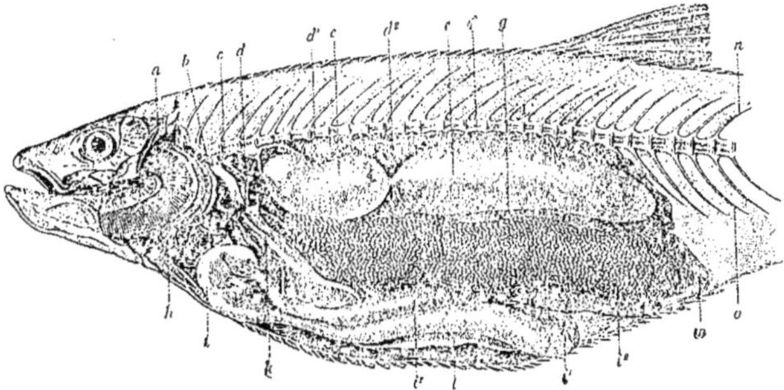

4. Squalius cephalus, Chevaine, disséqué pour montrer le tube intestinal D'après C. Vogt.

a   Feuillets branchiaux
b   Ceinture scapulaire, en grande partie enlevée.
c   Voûte palatine.
d   Rein céphalique.
d1 Rein somatique (mésonéphros ou rein primordial).
d2 Lobes du rein placés entre les deux renflements de la vessie natatoire.
e   Renflement antérieur de la vessie natatoire.
e1 Renflement postérieur de la vessie natatoire.
f   Colonne vertébrale.
g   Ovaire gauche.
h   Cœur.
i, i1, i2 Anses intestinales.
k   Estomac, entouré par le foie.
l   Lobes hépatiques.
m   Sac péritonéal, entourant l'extrémité terminale de l'intestin.
n   Neurapophyses.
o   Côtes des vertèbres caudales.

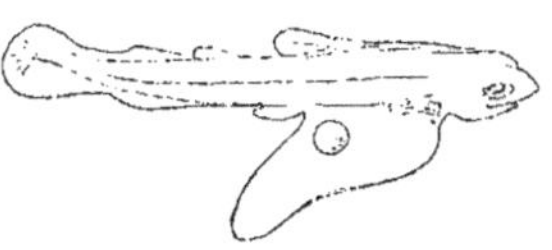

5. Jeune Téléostéen nageant librement, avec son sac vitellin, appendu; grossi.

ces rayons peuvent avoir aussi la *forme d'un pinceau*. Les *membres pairs*, c'est-à-dire les nageoires pectorales et abdominales, prennent appui sur les ceintures *scapulaire* et *pelvienne*, qui sont enfoncées au sein de la musculature (c'est chez les Amphibiens qu'on observe pour la première fois une union solide entre les ceintures d'une part et les Parapophyses et les côtes de l'autre : chez ces Vertébrés, les membres doivent supporter tout le poids du corps). — La *vessie natatoire*, appareil hydrostatique, a son canal très souvent oblitéré. Le pylore possède des appendices en cul-de-sac, ou *Appendices pyloriques*. Le bulbe artériel du *cœur* simple n'est pas contractile et est pourvu seulement de deux valvules. Dans la peau sont implantées des écailles *cycloïdes* ou *cténoïdes*; on n'observe que rarement des *plaques ossifiées*. La *ligne latérale* servirait vraisemblablement aux poissons, pour reconnaître les pressions auxquels ils sont soumis et la vitesse de leur allure. Les ovaires et les testicules sont de simples sacs; les deux oviductes et les deux canaux déférents se réunissent en un canal commun qui s'ouvre au sommet de la papille génito-urinaire; dans quelques cas, les éléments sexuels tombent dans la cavité générale et débouchent au dehors par les pores abdominaux. Les œufs contiennent du vitellus nutritif. Les Téléostéens sont rarement vivipares; quelques-uns sont hermaphrodites : c'est la règle générale chez Serranus scriba, S. cabrilla, S. hepatus, Chrysophrys aurata; c'est encore un phénomène fréquent chez : Pagellus mormyrus, Box salpa et Charax puntazzo, et, au contraire, une exception chez Sargus annularis et S. salviani.

Les Poissons osseux constituent un groupe récent, riche en espèces et en formes intermédiaires; c'est de nos jours qu'ils ont atteint leur apogée, leur richesse en formes s'étant accentuée en même temps que diminuait l'importance des Ganoïdes.

1. *Physostomes*. Pourvus ou dépourvus de nageoires ventrales : les rayons des nageoires sont articulés ; le canal de la vessie natatoire s'ouvre dans le pharynx. Les écailles sont généralement cycloïdes. On en connaît 2.500 espèces environ. — **Salmo salar**, Saumon (1), possédant une nageoire adipeuse ; à l'époque du frai, ils abandonnent la mer pour remonter les fleuves ; à cette même époque ils présentent des modifications très remarquables dans leur coloration. Pour l'étude du crâne, voir page 19, 4 ; pour celle du cerveau, voir page 30, 7-9. **Trutta fario**, Truite. — **Esox lucius**, Brochet (2) ; c'est un poisson très vorace. **Clupea harengus**, Hareng (3) ; il habite les profondeurs de la mer et remonte à la surface dans le voisinage des côtes, à l'époque du frai. Dans chaque mer vivent des variétés particulières de harengs. Dans l'estomac d'un *Clupea harengus*, Moebius a trouvé les carapaces de 60.000 crustacés (Temora longicornis) ; les Egrefins font la chasse aux Harengs ; ils sont eux-mêmes poursuivis par les Dauphins dont les excréments servent de nourriture aux algues marines ; ces dernières, à leur tour, sont avalées par des crustacés : on a donc, on le voit, affaire ici à une chaîne ininterrompue de transformations de la matière.

La femelle pond 70.000 œufs ; ceux-ci sont fécondés librement par les spermatozoïdes qui, en certains endroits, sont si nombreux qu'ils troublent les eaux de la mer. Les glandes génitales de ces poissons ont acquis leur maturité vers la fin de la dernière année. **Cl. sprattus**, grande sardine. — **Silurus glanis**, Silure. **Malapterurus electricus**, Silure électrique, dans le Nil. — **Cyprinus carpio**, Carpe. Les côtes et les arcs neuraux des vertèbres les plus antérieures sont transformés en une série de pièces osseuses, intercalées entre l'extrémité antérieure de la vessie natatoire et l'appareil auditif, et par suite transmettent les vibrations sonores. **Rhodeus amarus**, Rouvière (4). Pendant la saison du frai, la papille génitale de la femelle se modifie et devient un oviscapte élastique, au moyen duquel celle-ci dépose ses œufs dans les branchies des Lamellibranches fluviatiles (l'Anodonta anatina, de préférence) ; c'est dans cet organe respiratoire que se développeront complètement les œufs du Rhodeus amarus. **Cobitis fossilis**, Loche d'étang (5) : vit dans les eaux vaseuses ; monte souvent à la surface pour avaler de l'air, dont bientôt après, il expulse l'acide carbonique par son anus (respiration intestinale). A l'approche d'un orage, ce poisson est quelquefois agité ; il va et vient dans l'eau, comme s'il redoutait quelque catastrophe ; aussi le conserve-t-on dans les aquariums où on le consulte comme un baromètre.—*Apodes* : **Anguilla vulgaris**, Anguille (6). Ecailles petites et très délicates, non apparentes. Les mâles atteignent une taille médiocre (40 c. m. environ); ils vivent un certain temps dans la mer où la femelle pond ses œufs. Les individus jeunes, au corps rubané et transparent, et dont le sang est blanc, sont connus sous le nom de **Leptocephalus brevirostris** ; ils se transforment dans la mer en anguilles de 3-4 cm. de long, qui, en grandes troupes, remontent les fleuves. Les Murènes, elles aussi, subissent une semblable métamorphose. **Gymnotus electricus**, vit dans les fleuves de l'Amérique du Sud (page 26, 4).

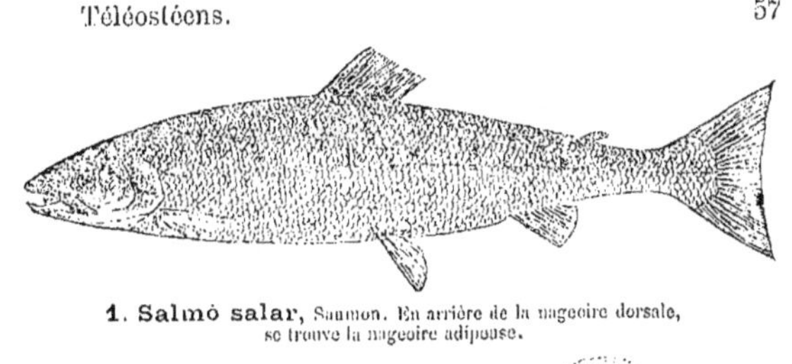

1. Salmo salar, Saumon. En arrière de la nageoire dorsale, se trouve la nageoire adipeuse.

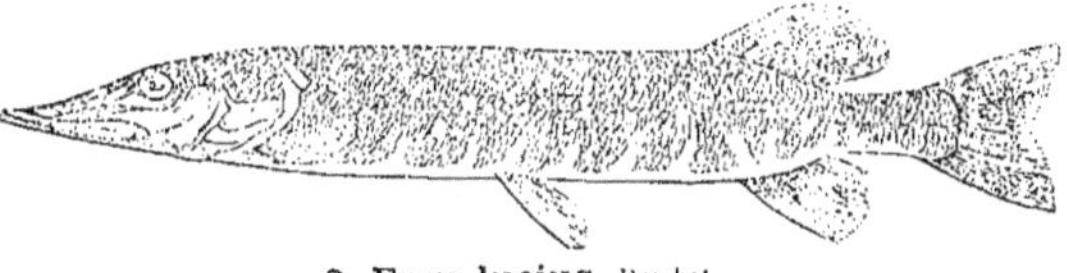

2. Esox lucius, Brochet.

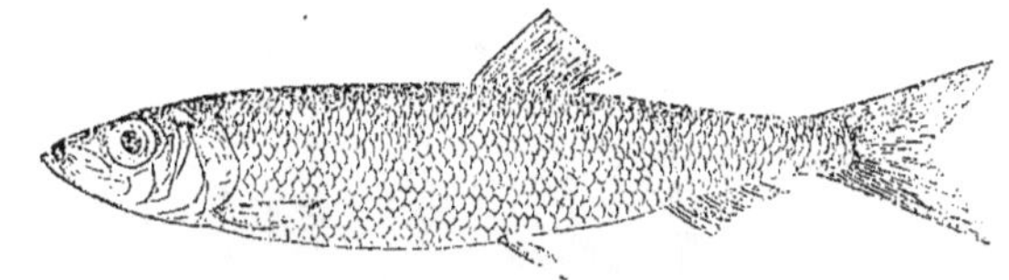

3. Clupea harengus, Hareng.

4. Rhodeus amarus, Rouvière ; la femelle, à l'époque du frai, présentant un long oviscapte.

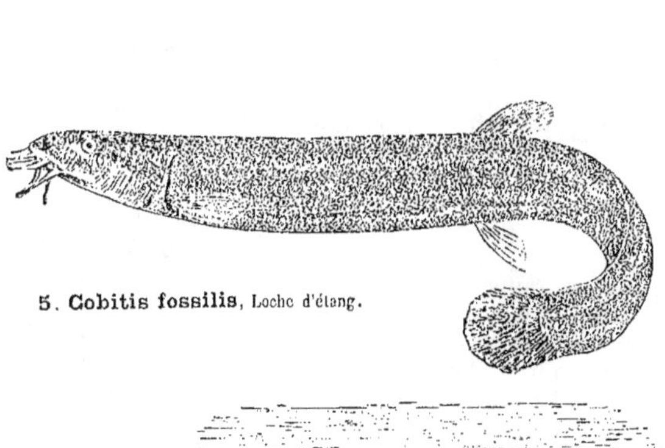

5. Cobitis fossilis, Loche d'étang.

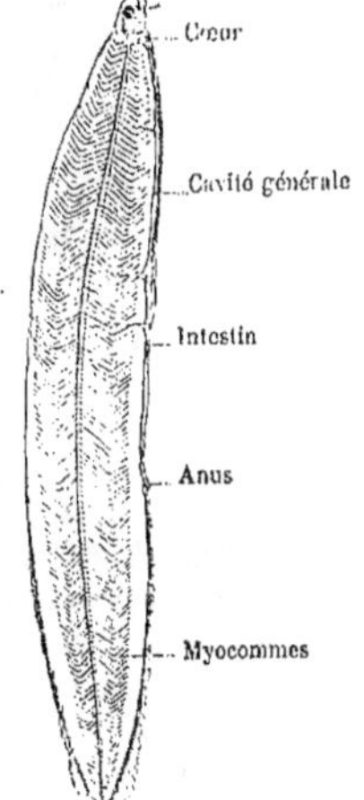

7. Jeune Anguille, ou **Leptocephalus brevirostris**; grandeur naturelle. Le corps plat, rubané, est transparent; le sang est blanc. Se transforme dans la mer en anguille, longue de 3 cm. environ et au corps cylindrique. D'après Selenka.

6. Anguilla vulgaris ; Anguilles enfoncées dans la vase. D'après Benecke.

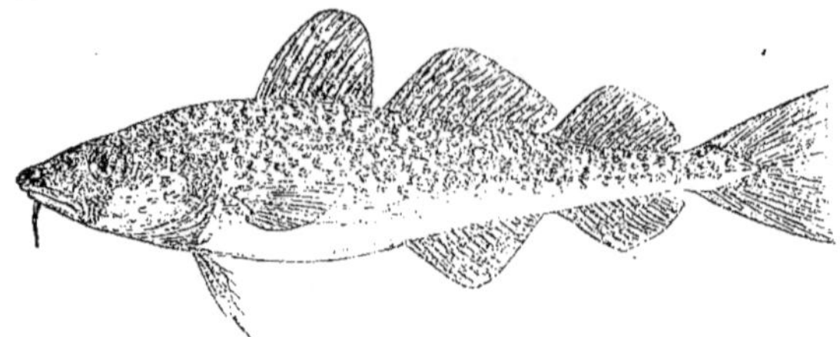

8. Gadus morrhua, Morue.
La petite variété du Cabeliau, qui ne se trouve que dans la mer Baltique.
La femelle pond plus d'un million d'œufs.

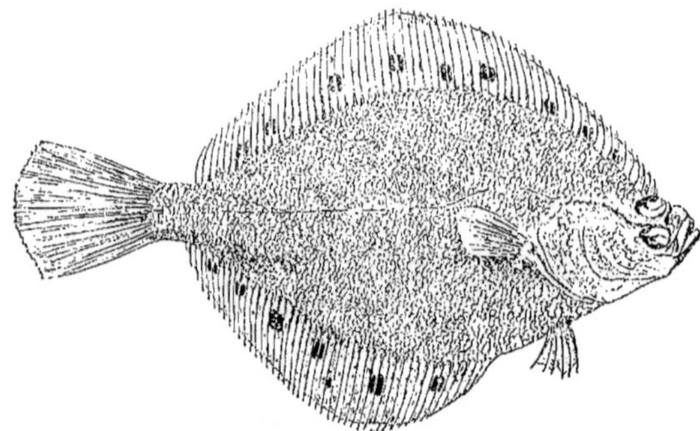

9. Pleuronectes platessa, Plie franche.

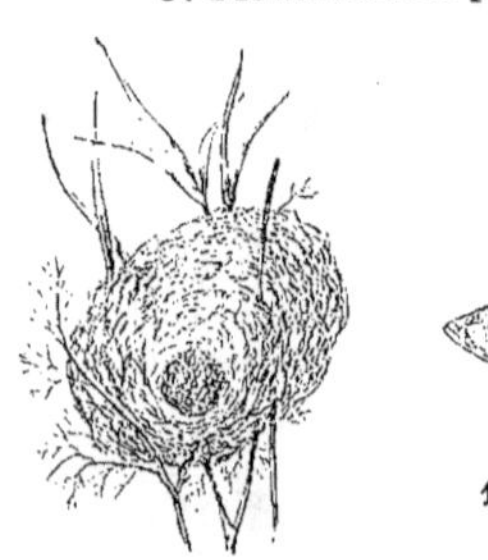

11. Nid du
Gasterosteus pungitius;
dans l'intérieur, on distingue des œufs.
D'après Landois.

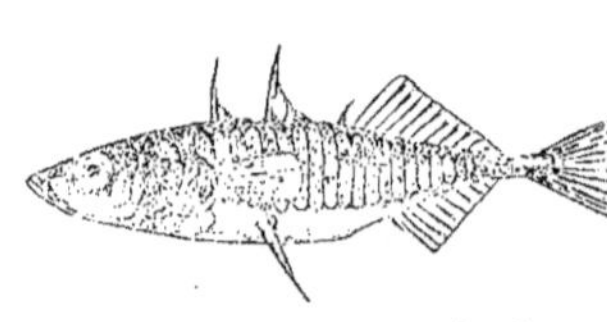

10. Gasterosteus aculeatus,
Trois-épines. Variété : trachurus.

2. *Anacanthines*, Malacoptérygiens. La vessie natatoire possède un canal aérien. Les nageoires ventrales sont situées sous la gorge, *en avant* des nageoires pectorales. Les espèces vivantes, au nombre de 370 environ, habitent presque toutes dans la mer. — **Gadus morrhua**, Cabeliau, Morue. **G. aeglefinus**, Egrefin. Voir pour l'étude du crâne : page 19.— Les Pleuronectidés sont des poissons plats qui nagent sur un de leurs côtés ; la portion du corps tournée en haut est couverte de cellules pigmentaires leur permettant un mimétisme défensif par changement de couleur; l'autre en est dépourvue. Pas de vessie natatoire: **Pleuronectes platessa,** Plie franche. A leur naissance, les Pleuronectidés sont parfaitement symétriques; lorsqu'ils ont atteint une longueur de 1-1¹/₂ c. m., et que leur corps s'est aplati, leur crâne subit un mouvement de rotation autour de son axe longitudinal, de telle sorte que les yeux finissent par se trouver tous les deux sur une des deux faces. Chez la Plie, les yeux se trouvent à droite ; chez le Turbot, ils sont à gauche. **Fierasfer acus**, vit en parasite dans la cavité générale des Echinodermes.

3. *Pharyngognathes* : os pharyngiens inférieurs soudés ; ces os représentent des arcs branchiaux postérieurs rudimentaires ; certains rayons des nageoires dorsale, anale et ventrale présentent des piquants. **Labrus**. **Exocœtus exiliens,** Poisson volant (Malacoptérygien), peut, en frappant l'eau à coups répétés avec sa queue et ses nageoires pectorales, s'élever à une certaine hauteur et voler en planant, grâce à ces nageoires pectorales.

4. *Acanthoptérygiens,* aux nageoires armées de piquants ; les nageoires ventrales sont le plus souvent, chez eux, situées sur la poitrine. Les rayons antérieurs de la nageoire dorsale sont des bâtonnets osseux tout d'une pièce. Pas de canal aérien à la vessie natatoire. Ecailles généralement cténoïdes. 3.000 espèces vivantes.—**Perca fluviatilis**, Perche. **Gasterosteus aculeatus**, Trois épines. Corps sans écailles, ou bien (var. trachurus) pourvu de plaques osseuses sur les côtés. A l'époque du frai, le *mâle* revêt ses « habits de noce » aux brillantes couleurs, et construit généralement un nid qui est de la grosseur d'une noix ; dans ce nid, des œufs sont pondus par une ou plusieurs femelles, puis, fécondés, gardés par le mâle, et, au besoin, défendus courageusement par lui. Dans la cavité générale de ce Gasterosteus, on rencontre souvent des tœnias. **Serranus scriba**, hermaphrodite. **Anabas scandens** ; la paroi operculaire de la cavité branchiale présente une surface labyrinthiforme ; et l'espace qu'elle limite se remplissant d'air, elle fonctionne comme cavité respiratoire, tant que le poisson est hors de l'eau. **Zoarces viviparus**, vivipare.

5. *Plectognathes.* Poissons de mer à corps globuleux ou comprimé, avec un squelette incomplet, de 18 à 20 vertèbres. L'intermaxillaire et le maxillaire supérieur sont soudés au crâne. — **Diodon**, dont l'œsophage est pourvu d'une poche dans laquelle l'air peut être emmagasiné (Poche natatoire). **Ostracion**, Coffre (12).

6. *Lophobranches.* Poissons marins à branchies en houppes ; les mâles possèdent une poche cutanée très vascularisée (14), servant à l'incubation des œufs qu'ils reçoivent de la femelle. **Syngnathus acus**, Aiguille de mer (13) ; **Hippocampus** (14) ; **Phyllopteryx**, dont les appendices membraneux ondulant le font ressembler à certaines algues marines (mimétisme).

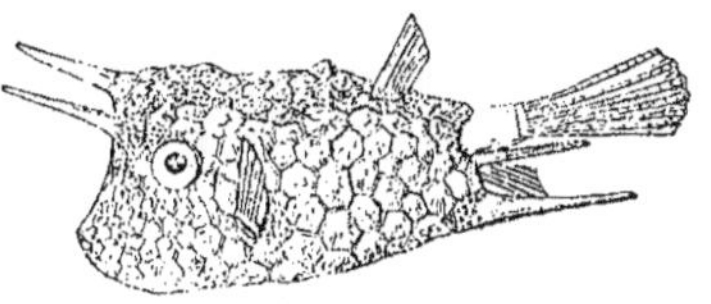

12. Ostracion cornutus, Coffre.
Les écailles de la peau forment une cuirasse inflexible ;
les nageoires ventrales manquent.
Les vertèbres sont ankylosées ; les côtes font défaut.

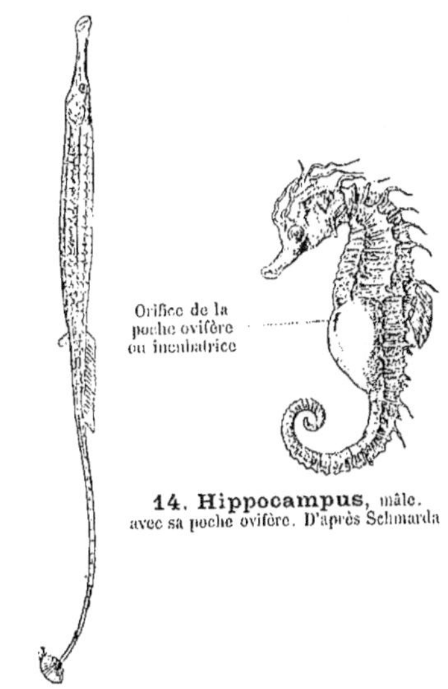

14. Hippocampus, mâle.
avec sa poche ovifère. D'après Schmarda

13. Syngnathus,
Aiguille de mer.

15. Phyllopteryx eques.

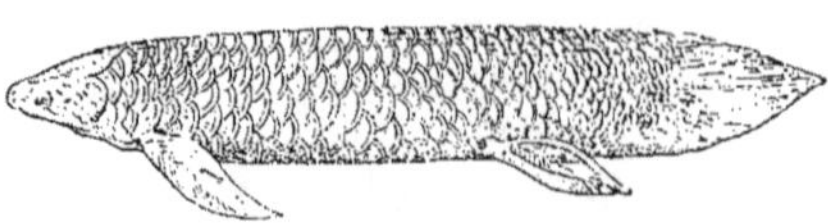

1. Ceratodus miolepis.

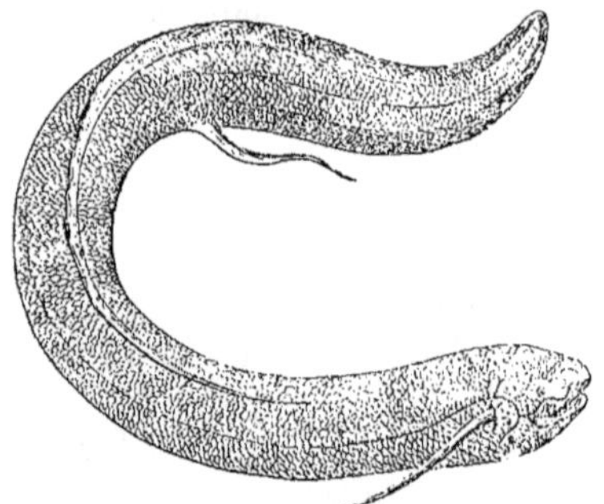

2. Lepidosiren paradoxa.

5. DIPNOÏ.

Pneumobranches.

Poissons d'eau douce des régions tropicales, qui, lorsque les marais se dessèchent, s'enfoncent dans la vase et, pendant ce sommeil estival, respirent par leur vessie natatoire (poumons) ; les capsules nasales ne s'ouvrent pas à l'extérieur mais dans la cavité buccale seulement. Le squelette est presque entièrement cartilagineux. La corde dorsale est épaisse. Les deux palato-carrés s'accolent en avant et sont intimement soudés avec le crâne ; ce dernier présente des os de revêtement très minces. Le tube digestif renferme une valvule spirale. Le cône artériel montre dans son intérieur des séries longitudinales de valvules ; quant aux deux oreillettes, elles ne sont qu'incomplètement séparées par une cloison. Chez les Dipnoï, on rencontre pour la première fois un *squelette nasal* bien différencié, sorte de réseau formé par du cartilage hyalin.

Dipneumones : deux poumons : **Lepidosiren paradoxa**, Brésil. **Protopterus annectens**, Afrique tropicale ; l'artère pulmonaire provient de la racine gauche de l'aorte. — *Monopneumones* : Poumon simple, non divisé, avec plis à la surface interne : **Ceratodus Forsteri**, vit dans les fleuves d'Australie. Les rayons des nageoires sont placés sur *deux rangées* (page 22). Crâne cartilagineux ; de grandes écailles cycloïdes. Le cône artériel possède 8 rangées transversales de valvules ; il se divise en deux parties, par une lame médiane, de sorte que deux courants sanguins circulent dans son intérieur : l'un *artérioso-veineux* ou *hématosé*, provenant d'une partie des veines du corps et des veines pulmonaires, l'autre *veineux* ou *noir* provenant, par l'intermédiaire du ventricule droit, de l'autre partie des veines du corps. L'artère pulmonaire émane du 4ᵉ vaisseau épibranchial ou veine branchiale postérieure (4ᵉ arc aortique).

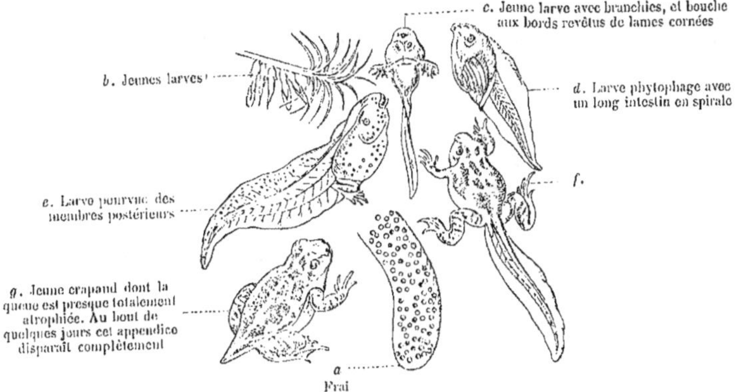

1. Métamorphoses de **Pelobates fuscus.**

Amphibiens, Batraciens.

La nage qui pour les Poissons est le mode de locomotion essentiel, n'est plus chez les Batraciens qu'un mode de locomotion accessoire. Chez eux les membres pairs ne sont plus exclusivement adaptés à les faire mouvoir dans l'eau, mais dérivent plus spécialement de la fonction nouvelle de *soutiens* du corps et de marche (sur un sol ferme) ; d'où leurs transformations en organes pentadactyles. — Les branchies existent au moins chez les larves. La corde dorsale, bien développée (page 14, fig. 5), est, chez toutes les formes vivantes, étranglée au niveau des corps vertébraux qui sont biconcaves ; le cartilage intervertébral produit souvent par différenciation une tête articulaire et une cavité cotyloïde correspondante. Il existe une vertèbre sacrée. La tête est aplatie et large ; le crâne primordial persiste sur une grande étendue. Le basi-occipital et le sus-occipital ne s'ossifient pas ; les ex-occipitaux s'articulent avec la première vertèbre du tronc (la seule vertèbre cervicale des Amphibiens). Le nombre des os du crâne est restreint. — Un épisternum apparaît.

Les dents sont généralement enfouies profondément dans la muqueuse qui limite la cavité buccale ; chacune d'elles peut reposer, dans certains cas, sur une apophyse dentaire ou « processus dentalis », les différentes apophyses se soudant quelquefois en une sorte d'os poreux qui est en relation directe avec les os propres du squelette. Le remplacement des dents est indéfini.

Les fosses nasales fonctionnent en même temps comme voies respiratoires, car elles communiquent avec la cavité de la bouche par les choanes. Il existe un canal naso-lacrymal, encore appelé *canal nasal*. Aux dépens de la première fente branchiale, commencent à se former la Caisse du tympan et la Trompe d'Eustache, ainsi que la membrane du tympan, en même temps le Labyrinthe acquiert la Fenêtre ovale membraneuse. Chez les Amphibiens, l'air qui doit servir à la respiration est dégluti.

L'appareil urinaire se présente sous deux formes : pendant l'existence larvaire, fonctionne le *Rein précurseur* qui ne tarde pas à être remplacé par le *Rein primitif* (avec entonnoirs vibratiles persistants) (V. page 46, 7-8).

Le cœur, au début simple, se divise incomplètement en deux oreillettes et un ventricule.

La peau est riche en glandes, dont la sécrétion a pour effet de protéger les téguments contre l'évaporation (page 11, fig. 1).

Il n'y a jamais d'accouplement chez les Amphibiens ; quelques Urodèles femelles possèdent un réceptacle séminal ; les œufs sont pondus dans l'eau, ou, rarement, dans les endroits humides. Les larves sont quelquefois ciliées.

La classe des Amphibiens est relativement pauvre en formes : cela tient à ce que ces animaux vivent dans l'eau douce (quoique souvent pendant la vie larvaire, seulement), ou dans des lieux humides, et ne se rencontrent que sous les climats chauds.

1. STÉGOCÉPHALES.

du Carbonifère au Trias.

Animaux pourvus d'un squelette dermique, consistant en plaques thoraciques osseuses et en écussons ventraux. Vertèbres présacrées portant toutes des côtes ; les vertèbres n'étaient parfois qu'incomplètement ossifiées ; un grand épisternum ; les os du crâne étaient des os de revêtement exosquelettiques. — **Branchiosaurus**, dont la corde dorsale était soutenue de chaque côté par deux intercentrums délicats ; les branchies n'existaient que chez les jeunes (2-3). **Archegosaurus** ; les moitiés des corps vertébraux restent distinctes ; au-dessus de la corde, reposent les neurapophyses présentant chacune un intercentrum ventral. Les jeunes possédaient des branchies. Permien. — **Cheirotherium** (*), connu par les empreintes laissées par leurs

(*) M. le professeur A. Gaudry, au sujet de la place que doit occuper le Cheirotherium dans la classification, s'exprime ainsi dans ses *Enchaînements du monde animal*. — *Fossiles secondaires* : « On a généralement considéré le Cheirotherium comme un Labyrinthodonte » (les Labyrinthodontes représentent une division des Stégocéphales) ; « mais cela me paraît très douteux. Je serais plutôt porté à voir en lui un Dinosaurien », et l'auteur, après avoir donné d'excellentes raisons scientifiques à l'appui de son opinion, conclut : « Il me paraît donc naturel d'attribuer les empreintes de Cheirotherium à des Dinosauriens plutôt qu'à des Labyrinthodontes ». (Note du traducteur.)

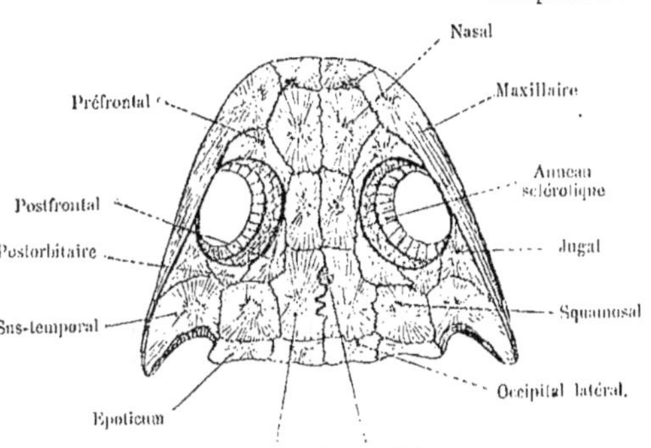

2. Branchiosaurus. Permien (Rothliegende). Crâne vu d'en haut. D'après Credner.

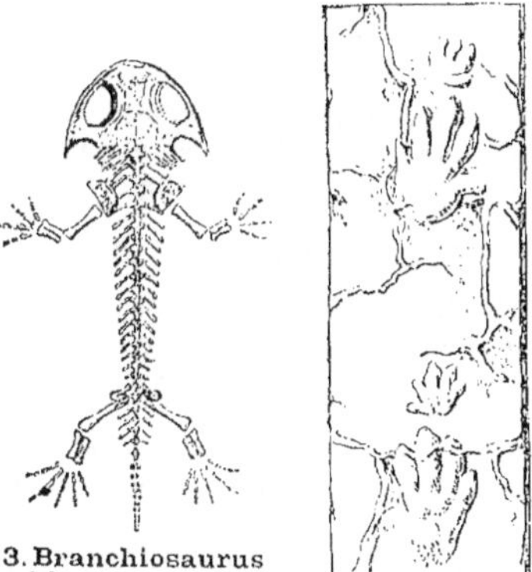

3. Branchiosaurus amblystoma, 3/4. Larve pourvue de ses arcs branchiaux, restaurée. D'après Credner.

4. Empreintes laissées par les pieds du **Cheirotherium**, du grès bigarré. 1/12.

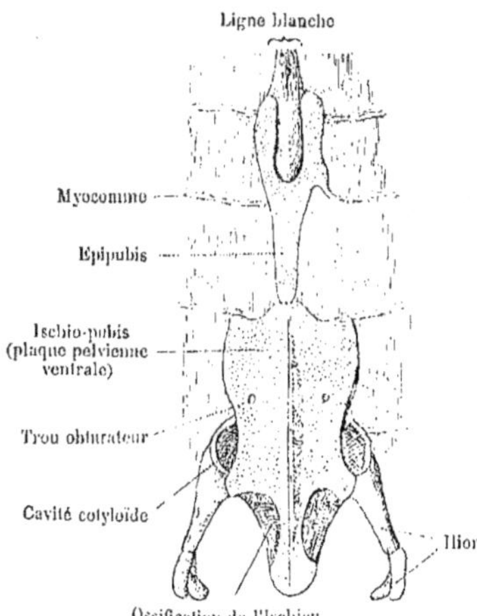

5. Bassin de **Cryptobranchus.** D'après Wiedersheim.

pieds dans le Grès bigarré d'Angleterre, d'Allemagne et de France (4).

On peut vraisemblablement considérer les Reptiles comme des descendants directs des Stégocéphales.

2. URODÈLES.

Corde dorsale étranglée au niveau des corps des vertèbres ; des côtes courtes et mobiles, un Sternum cartilagineux. Dents implantées sur deux rangs sur les mâchoires supérieure et inférieure, ainsi que sur le palais. Par les fentes branchiales passe l'eau destinée à porter l'oxygène aux branchies cutanées externes ou ectodermiques. Ni trompe d'Eustache, ni caisse du tympan, ni membrane du tympan. — *Pérennibranches*, avec 3 paires de branchies et d'orifices branchiaux persistants : **Siredon pisciformis**, Axolotl ; il peut perdre les branchies (Forme **Amblystoma**) (page 26, 2). **Proteus anguineus** Protée, habite les eaux souterraines de la Dalmatie ; yeux très petits, dont le cristallin est complètement atrophié. — *Dérotrèmes*, chez lesquels les branchies cutanées disparaissent peu à peu ; un orifice branchial externe persiste de chaque côté du cou : **Cryptobranchus japonicus**, Salamandre géante (5). — *Salamandrines* : ni branchies, ni orifice branchial : **Triton taeniatus**, Salamandre aquatique ; queue comprimée latéralement dont il se sert en guise de rame ; la femelle possède un réceptacle séminal. **Salamandra maculosa**, Salamandre terrestre maculée (V. page 65, 1) ; **S. atra** ; les deux sont vivipares.

3. ANOURES, BATRACIENS.

De véritables articulations se forment entre les corps vertébraux ; il existe de 7 à 9 vertèbres procœles ; tandis que la queue s'atrophie, son squelette axial devient un os coccyx styliforme ; les côtes, extrêmement petites, se fusionnent avec les apophyses transverses des vertèbres. La *larve*, pourvue d'une queue (têtard), a une bouche étroite, garnie de dents cornées lui permettant de ronger les substances végétales ; aux houppes des branchies cutanées externes s'adjoignent plus tard des branchies internes dans les fentes branchiales ; elles sont recouvertes par un repli de la peau qui, toutefois, ménage un petit orifice respiratoire (Spiraculum); finalement, les branchies externes et internes s'atrophient successivement, et l'orifice branchial se ferme.

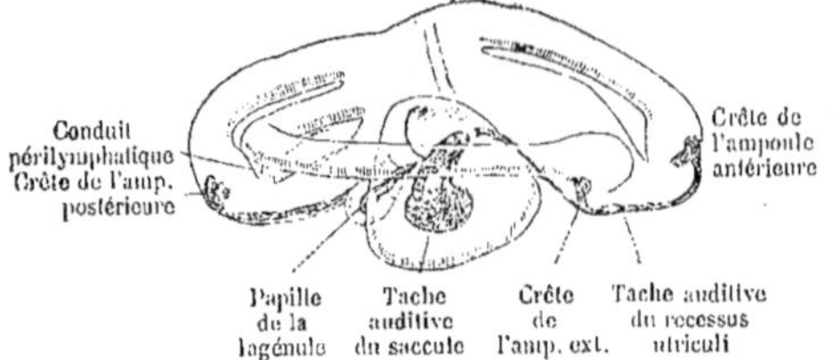

6. Organe auditif membraneux de **Triton cristatus** ; face externe. 5/1. D'après Retzius.

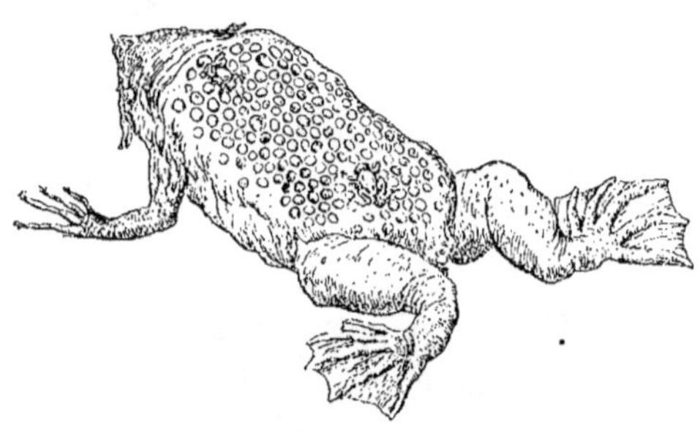

7. **Pipa americana**, femelle. D'après Selenka.
Les œufs se développent dans des cellules de la peau du dos, et donnent naissance à de petits individus munis de 4 pattes. Les doigts portent des tubercules.

8. **Cœcilia compressi-cauda**, prise dans l'œuf.
Derrière la tête, on voit deux lobes respiratoires très vasculaires qui, dans leur situation normale, entourent le corps. D'après Sarasin.

9. Embryon de **Epicrium glu-tinosum**, avec 3 paires de branchies et son vitellus. D'après Sarasin.

Hylidés, Rainettes. Orteils munis à leur extrémité de pelotes adhésives : **Hyla arborea**, Rainettes. **Hylodes**. — *Ranidés*. Grenouilles. Orteils des pattes postérieures unis par une membrane natatoire. Les mâles possèdent deux poches vocales latérales qui s'ouvrent dans la cavité buccale : leurs pouces présentent un renflement glandulaire qui joue un rôle important dans l'accouplement. Membrane du tympan libre, non cachée ; langue fixée antérieurement, libre en arrière, peut être projetée au dehors par la grenouille pour saisir une proie : **Rana esculenta**, Grenouille des prés, **R. temporaria**, Grenouille rousse. — **Bombinator igneus**, Sonneur à ventre couleur de feu. **Pelobates fuscus** ; ses têtards atteignent une grande taille (1). **Bufo vulgaris**, crapaud. — *Aglosses* ; langue et os hyoïde très réduits ; pas de paupières : **Pipa americana** (7).

4. GYMNOPHIONA, APODES.

Amphibiens vermiformes, sans membres ; anus terminal. La colonne vertébrale possède jusqu'à 250 vertèbres biconcaves avec des côtes mobiles, courtes. Trois paires de branchies cutanées et de poches pharyngiennes pendant l'existence dans l'œuf. Peau molle, avec de petites écailles. **Cœcilia lumbricoïdes**, Amérique du Sud. **Epicrium glutinosum** (8-9).

Salamandra maculosa, Salamandre tachetée

Pour le squelette du membre antérieur, voir p. 24, 2.

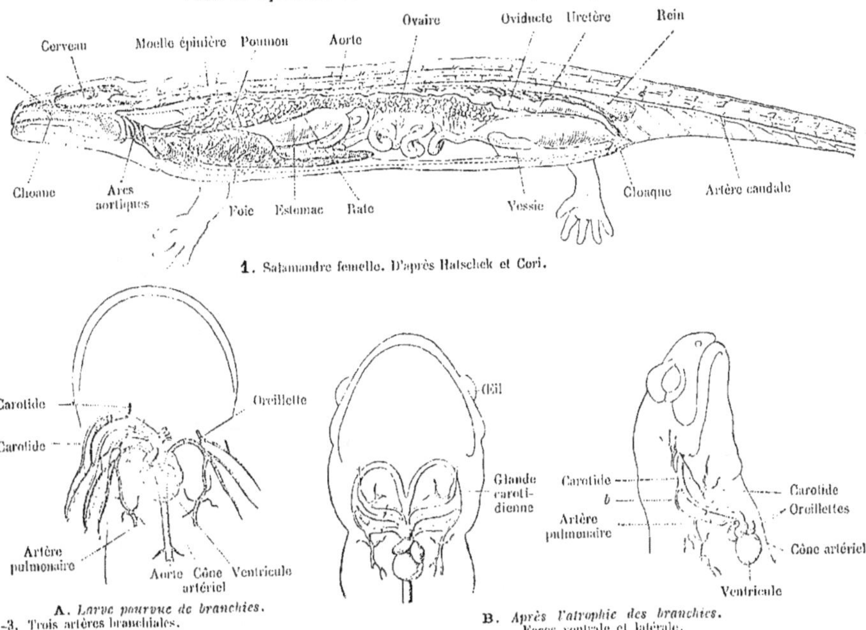

1. Salamandre femelle. D'après Hatschek et Cori.

A. *Larve pourvue de branchies.*
1-3, Trois artères branchiales.
1'-3', Trois veines branchiales.
b. Canal de Botal persistant chez l'adulte et mettant
en communication le 4e arc artériel qui devient
l'artère pulmonaire et le 2e ou le 3e arc.

B. *Après l'atrophie des branchies.*
Faces ventrale et latérale.
Cœur et grands troncs artériels.

2. Arcs aortiques des larves. D'après Boas.

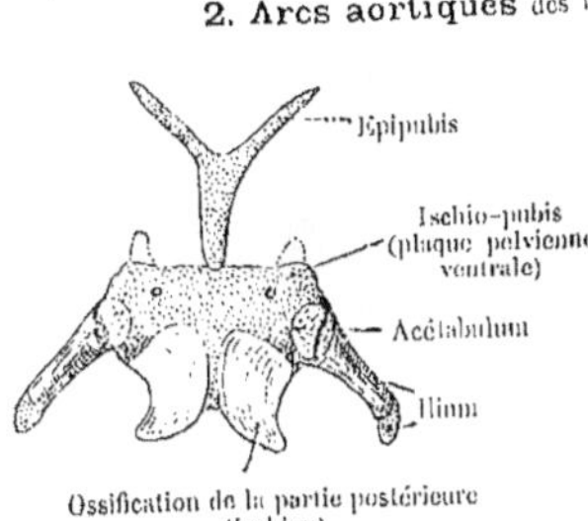

4. Bassin. D'après Wiedersheim.

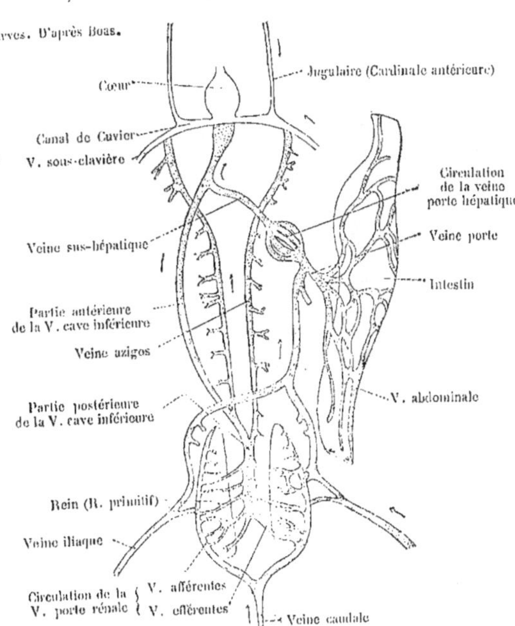

3. Schéma du *Système veineux*. D'après Wiedersheim.

Rana esculenta, Grenouille des prés.

(Pour le Crâne, v. page 20 ; pour le Bassin, v. page 23, 8)

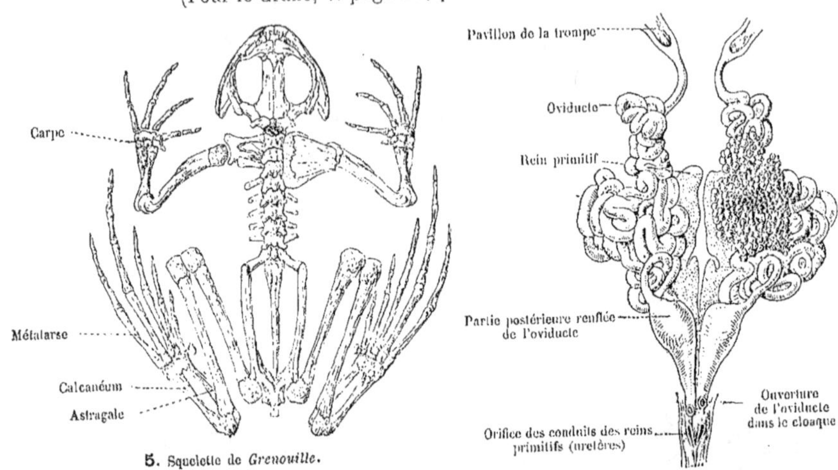

5. Squelette de *Grenouille*.

7. Système génito-urinaire d'une femelle.
L'ovaire droit a été enlevé. D'après Wiedersheim.

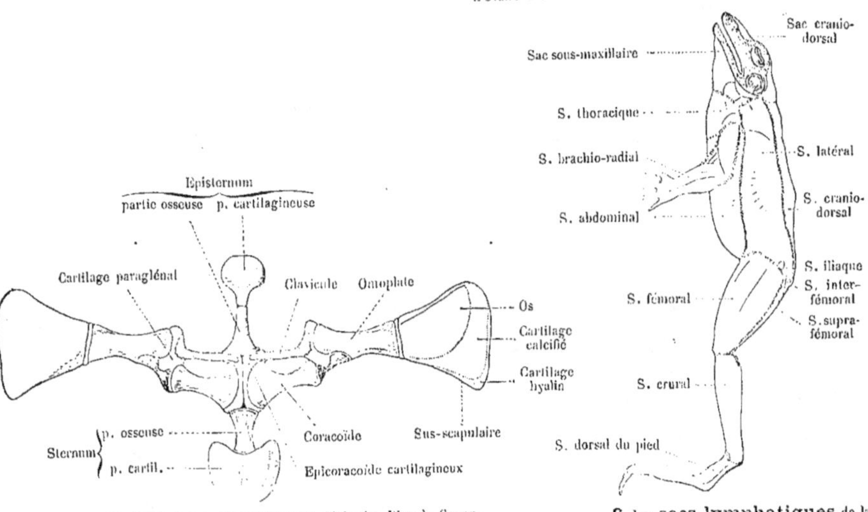

6. Ceinture scapulaire et Sternum déployés. D'après Gaupp.

8. Les sacs lymphatiques de la grenouille situés entre la peau et les muscles ; tapissés par un endothélium et séparés les uns des autres par des cloisons conjonctives (représentées en pointillé). D'après Ecker. — La lymphe passe de l'intérieur des sacs dans le courant sanguin.

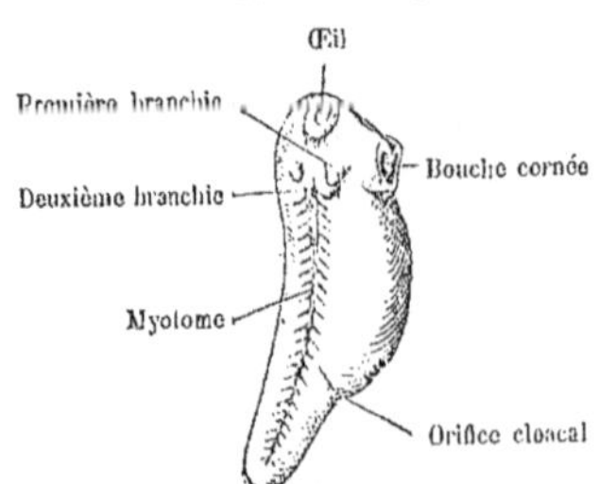

9. Stade têtard de **Rana**, à sa sortie de l'œuf.

Dans la **Préparation de la grenouille**, voici ce que l'on aura à observer :

1. *Morphologie externe* : La peau, lisse, visqueuse et pigmentée (chromomimétisme). — Chez le mâle, un renflement glandulaire des pouces qu'il enfonce, pendant l'accouplement, dans les flancs de la femelle, ou dans la région du corps de celle-ci, située en arrière des membres antérieurs. — Le nombre des doigts et des orteils (membrane natatoire). — La paroi du corps non soutenue par des côtes. — La paupière inférieure transparente ; l'Iris, d'un brillant doré. — Les narines, pouvant se fermer à l'aide de replis membraneux. — La membrane du tympan.

2. *Cavité buccale* : La base de la langue, fixée sur le bord de la mâchoire inférieure ; la langue, terminée par deux pointes, et qui peut être projetée au dehors.— Les petites dents disposées sur la mâchoire supérieure et le Vomer. — La trompe d'Eustache et les choanes. L'orifice d'entrée de chaque poche vocale, chez le mâle.

3. Placer la grenouille sur son dos et, *au moyen d'épingles* piquées à travers les pattes sur le liège, *écarter le plus possible les membres*. — Incision ventrale et médiane prudemment exécutée : les sacs lymphatiques sous-cutanés seront ouverts (la lymphe est mise en circulation par les cœurs lymphatiques) page 44. — On rabat alors de chaque côté les téguments abdominaux ; on fait une incision médiane intéressant la paroi musculaire de l'abdomen et le sternum, et s'étendant en arrière jusqu'à l'anus, et en avant jusqu'au larynx. Des incisions perpendiculaires de chaque côté aux deux extrémités de la grande incision permettront de rabattre cette paroi antérieure du corps et de l'épingler.

4. *Morphologie interne : anatomie des viscères*. A l'aide de petites pinces, on cherchera : le foie et la vésicule biliaire, l'estomac, l'intestin, le pancréas, le cœur, les poumons, les organes génitaux, le rein primitif, la vessie.

5. La préparation entière est plongée *sous l'eau*, de façon à être *complètement* recouverte par ce liquide.

6. On *coupera* avec de fins ciseaux le *mésentère*, riche en vaisseaux, et on déroulera l'intestin pour l'épingler sur le liège à droite ou à gauche, tout en respectant ses deux points d'attache, le pharynx et le rectum conservant leur situation normale.

7. Au moyen d'un tube de verre, on insufflera les *poumons* ; puis, on les ouvrira avec des ciseaux.

8. *Organes génitaux*. Chez la femelle, écarter et fixer *prudemment* les deux oviductes, l'un bien à droite, l'autre bien à gauche ; l'ouverture des trompes se trouve au voisinage du cœur.

9. *Reins primitifs* et *Uretères*.

10. *Cœurs lymphatiques* à rechercher (voir page 44).

11. Isoler la tête ; puis, par des coupes superficielles successives de la voûte crânienne faites avec le scalpel, mettre l'encéphale à nu, et l'examiner sur place.

Rana esculenta.

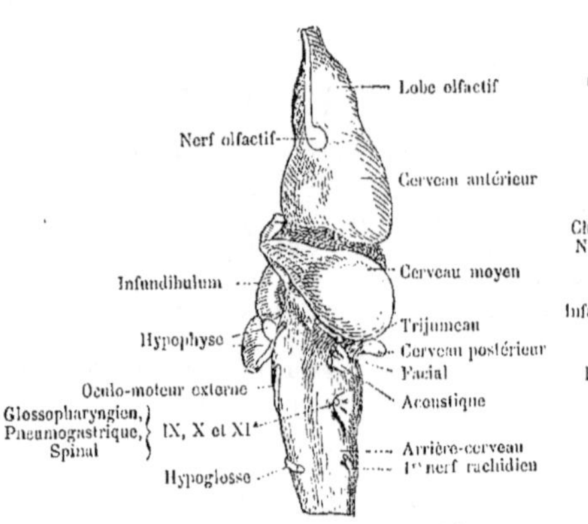

10. Encéphale, face supérieure.

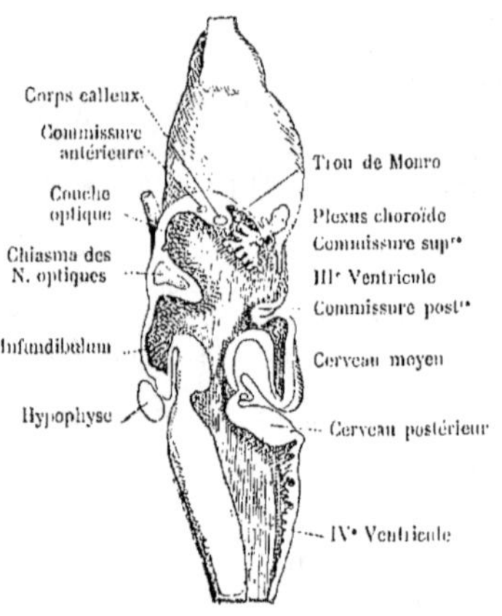

11. Encéphale, face inférieure. Origine des nerfs crâniens.

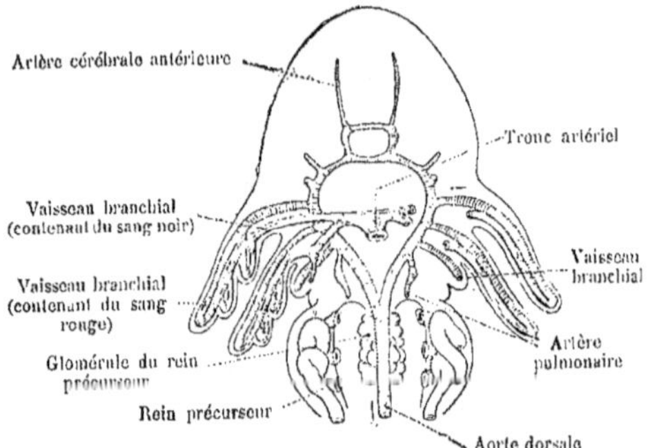

12. Encéphale vu de profil. D'après Wiedersheim.

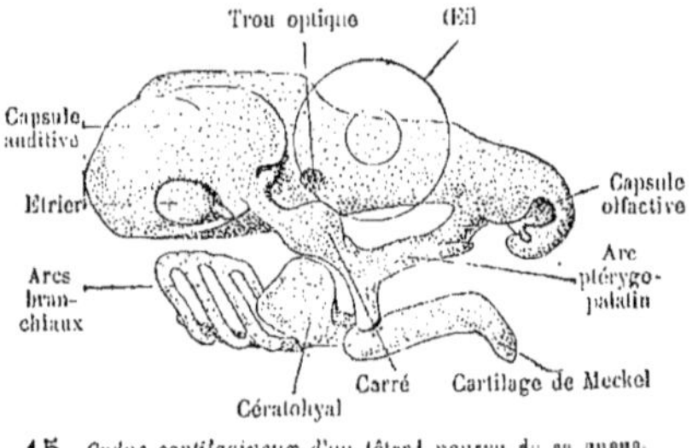

13. Encéphale, moitié droite.

14. Vaisseaux de la région céphalique du **Têtard**, peu de temps après sa sortie de l'œuf. Le cœur a été enlevé. Figure schématique. D'après Milne Marshall.

15. Crâne cartilagineux d'un têtard pourvu de sa queue, vers la fin de la métamorphose ; 6/1. D'après Milne Marshall.

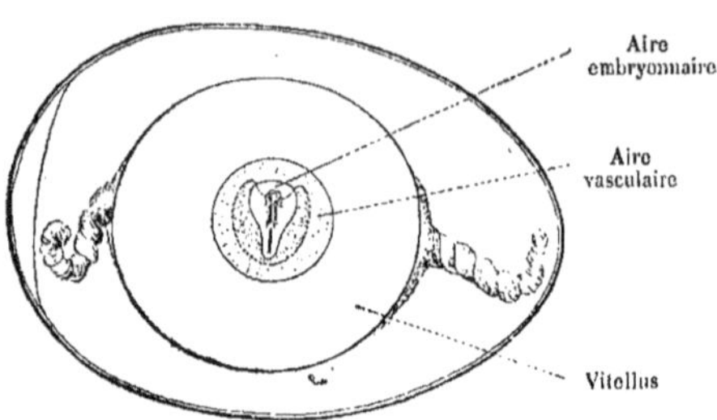

1. *Œuf de poule*, vu par en haut. 46 heures d'incubation. Légèrement schématique. D'après Selenka.

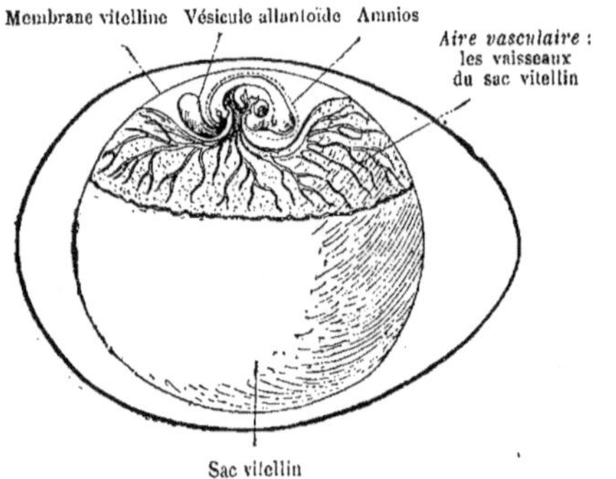

2. *Œuf de poule* ; vu de profil ; à la fin du 5e jour d'incubation. L'embryon qui, normalement, repose par son côté gauche sur le vitellus, est, ici, un peu soulevé. D'après Milne Marshall.

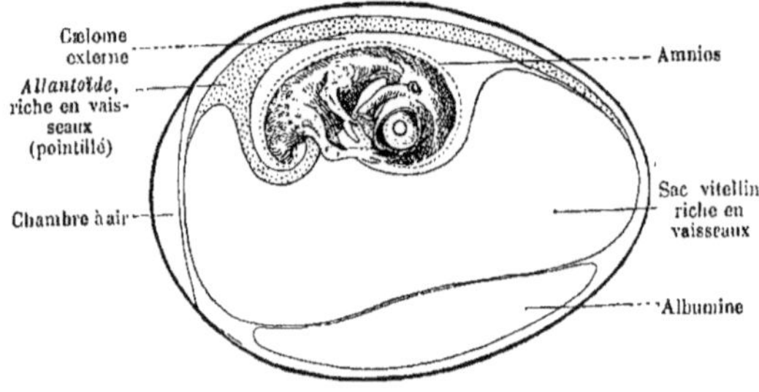

3. *Œuf de poule*, à la fin du 9e jour d'incubation.

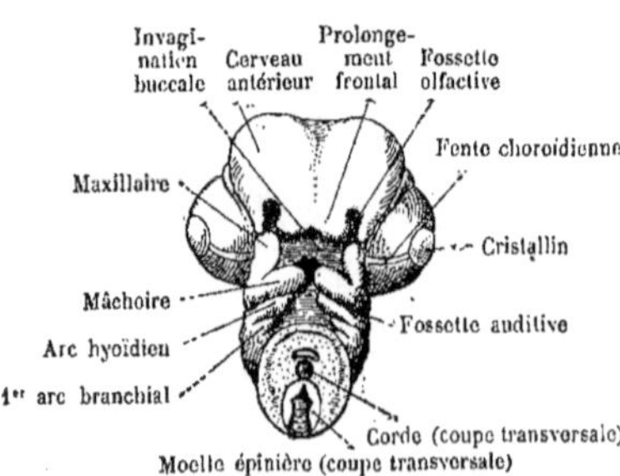

3 a. Tête isolée d'un *embryon de poule*, à la fin du 5e jour d'incubation. D'après Milne Marschall.

Les classes des *Reptiles*, des *Oiseaux* et des *Mammifères* comprennent les Vertébrés dits *supérieurs* ; ceux-ci possèdent tous, à un moment donné de leur développement fœtal, une enveloppe spéciale, appelée l'*Amnios* ; d'où leur nom d'**Amniotes**. L'histoire de la formation de cette enveloppe met bien en lumière la différence du genre de vie qui existe entre les Vertébrés aquatiques et semi-aquatiques respirant par des branchies d'une part, et les Vertébrés terrestres à respiration pulmonaire, d'autre part. La gastrulation qui, chez les œufs de l'Amphioxus, petits et privés de vitellus, se fait, suivant le mode typique, par invagination d'une vésicule creuse, la Blastula subit chez d'autres Vertébrés, des modifications caractéristiques par suite de la présence du *vitellus nutritif* qui s'accumule en plus ou moins grande quantité dans la cellule-œuf.

1. *Amphibiens*. Le vitellus nutritif s'accumule au pôle inférieur de l'œuf ; les cellules de l'entoblaste qui se trouvent dans cette région se segmentent plus lentement, étant en quelque sorte gênées par le vitellus qu'elles contiennent. Aussi, l'invagination de l'intestin primitif se fait-elle *graduellement* : tout d'abord, se forme le cul-de-sac postérieur (partie principale de l'intestin), auquel succède la formation du reste de l'intestin primitif (appelé *plaque primitive*, tant qu'il occupe la périphérie) ; c'est aux dépens de ce reste, que prennent naissance les sacs mésodermiques, l'extrémité postérieure de la corde et le système vasculaire.

2. *Sauropsidés* (Reptiles et Oiseaux). On observe chez ces Vertébrés des phénomènes analogues ; toutefois, le vitellus nutritif, qui se trouve en très grande quantité réuni au pôle inférieur de l'œuf, ne s'y segmente pas ; la blastula est, dès le début, aplatie et repose sur le vitellus, à la manière d'un verre de montre à double paroi (page 21, F. 3). La lamelle de la blastula qui regarde le vitellus est une partie de l'entoderme, et préside à la formation de l'intestin antérieur. La gastrulation proprement dite débute cependant par les bords de la blastula, notamment par les bords de la *plaque primitive*, qui se courbent en dedans et produisent deux « sacs mésodermiques » aplatis, des « plaques vasculaires », etc., etc. L'ébauche entière de l'embryon a, dès sa première apparition, la forme d'un bouclier (disque germinatif, bouclier embryonnaire).

3. *Mammifères*. Ces descendants des Reptiles (à l'exception des Monotrèmes), ont des œufs ne possédant plus de vitellus nutritif ; ils empruntent, en effet, à la mère leur nourriture, pendant la vie embryonnaire ; ils ont cependant conservé dans leur développement quelques souvenirs héréditaires : par exemple le mode de la gastrulation et de l'apparition des ébauches des organes, l'aspect de bouclier présenté par l'embryon, la formation d'un Sac vitellin (vide, il est vrai), d'une Allantoïde, d'un Amnios, autant d'organes qui remplissent chez eux, du moins en partie, des fonctions différentes.

Branchies, Sac vitellin et *Allantoïde* avec leurs capillaires, *Amnios*.

Les **Amphibiens** pondent dans l'eau leurs œufs recouverts d'une simple membrane vitelline : l'échange des gaz nécessaires à la respiration et la diffusion de l'urine se font par l'intermédiaire de l'eau ambiante : *Branchies et Reins précurseurs* sont en pleine activité pendant la vie embryonnaire. — Les œufs des **Sauropsidés** (Reptiles et Oiseaux), pourvus d'une coque, sont pondus par la mère dans un endroit sec ; comme ils renferment en eux la nourriture nécessaire à l'évolution d'un jeune animal qui vivra sur la terre, ils doivent absolument posséder aussi en eux certains organes, régulateurs des échanges continuels et très actifs qui sont la conséquence même du développement de l'embryon. Branchies et Reins précurseurs sont remplacés dans leurs fonctions : 1) les *branchies*, par le *sac vitellin* de grande taille et très vasculaire, qui, cependant, perd peu à peu de son importance, et, finissant par devenir insuffisant, est lui-même suppléé par l'*allantoïde*, très riche en vaisseaux ; ce dernier organe, la vessie, recueille l'urine, et se développe d'autant plus que l'albumine et le vitellus, au contraire, tendent à disparaître, 2) les *reins précurseurs* par le *rein primitif*. — L'échange des gaz s'effectue à travers la coque poreuse de l'œuf. — Voir plus loin le chapitre consacré aux Mammifères.

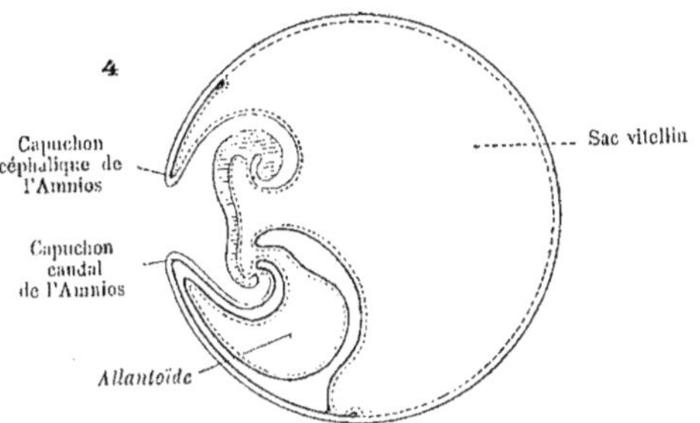

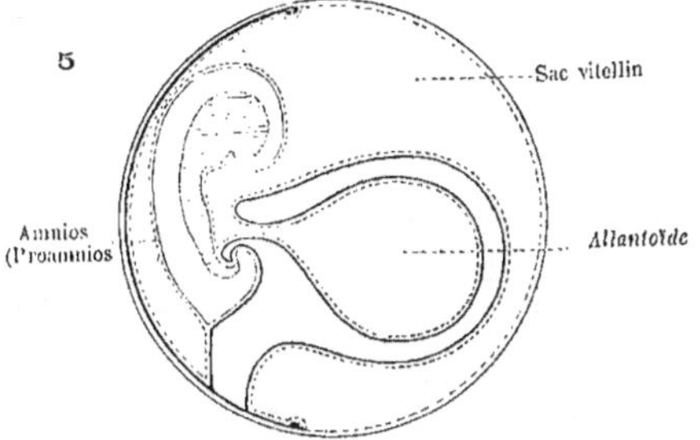

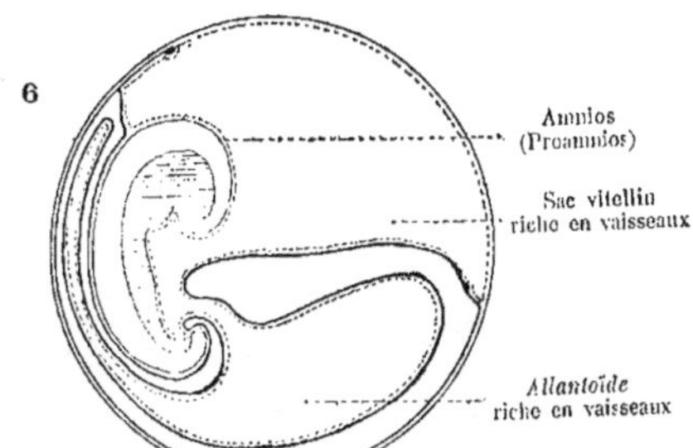

Coupes idéales à travers les *Vésicules blastodermiques des Amniotes*. L'embryon est ombré avec des hachures. D'après Selenka.
4. Forme initiale, commune à tous les Amniotes. Voir le texte.
5. Mammifère inférieur (Didelphys).
6. Stade plus avancé des Sauropsidés.
—— Ectoderme, ▬▬ Mésoderme, ▬▬▬ Endoderme.
Voir plus loin : fig. 8-9 (Développement des Mammifères).

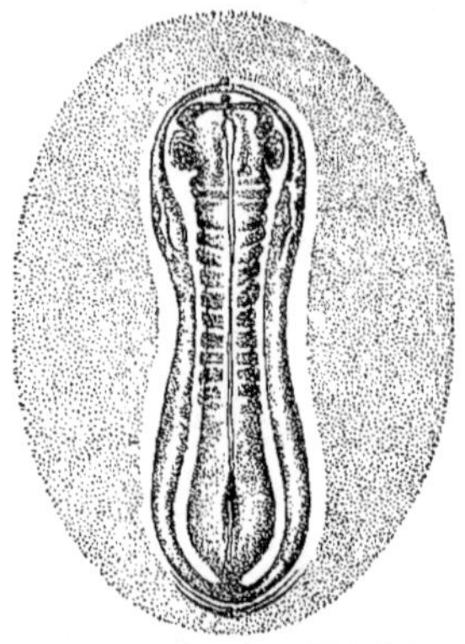

7. Ebauche embryonnaire de **Didelphys virginiana**. 14 paires de Protovertèbres (segments primordiaux) sont déjà formées. L'ébauche embryonnaire tout entière est encore plate, aplatie, étalée ; son grand axe est occupé par la corde dorsale. D'après Selenka.

Voici comment on peut se représenter l'origine et la formation de l'*Amnios*. Lorsque l'Allantoïde s'étend en arrière de l'embryon, elle pousse devant elle la membrane de l'œuf et produit ainsi un repli qui recouvre l'extrémité postérieure de l'embryon : c'est le rudiment du *capuchon caudal de l'amnios* (4). En même temps, l'extrémité céphalique de l'embryon s'infléchit vers l'intérieur de l'œuf ; il se forme ainsi un repli antérieur et latéral : le *repli ou capuchon céphalique de l'amnios*. Ces deux replis (l'un céphalique, l'autre caudal) se dirigent l'un vers l'autre, et finissent par se rejoindre et se souder (ombilic amniotique) ; la *lamelle interne* représente l'*Amnios* proprement dit, membrane fœtale limitant une cavité remplie par un liquide et qui a pour double rôle de protéger et de bercer l'embryon (2, 5). La lamelle externe des replis réunis de l'amnios porte le nom de Séreuse (2).

La *présence d'une grande quantité de vitellus nutritif* dans l'œuf des Sauropsidés provoque les modifications suivantes :

1. Ebauche superficielle de l'embryon (disque germinatif, aire embryonnaire) (7, 9) ;

2. Retardement de la gastrulation : la région postérieure de l'embryon (plaque médullaire (?) et ligne primitive) s'invaginant après coup tout à fait insensiblement ;

3. Ebauche superficielle des « sacs mésodermiques ».

4. Production d'un capuchon céphalique de l'amnios, par suite de l'inflexion de la tête vers l'intérieur du vitellus.

Le fait que les œufs, pourvus d'une coque, sont déposés en plein air a pour conséquences :

5. Que l'urine ne peut pas être rejetée et est recueillie par l'allantoïde, véritable sac urinaire embryonnaire ;

6. Que l'allantoïde force la membrane de l'œuf à se retourner et à produire ainsi le capuchon caudal de l'amnios.

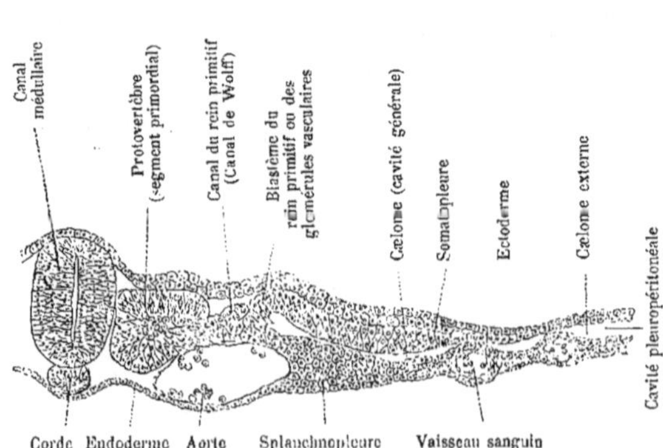

8. Coupe transversale de la région dorsale d'un *Embryon de Poulet* de 45 heures. D'après Balfour. Le canal médullaire est fermé. Apparition des segments primitifs.

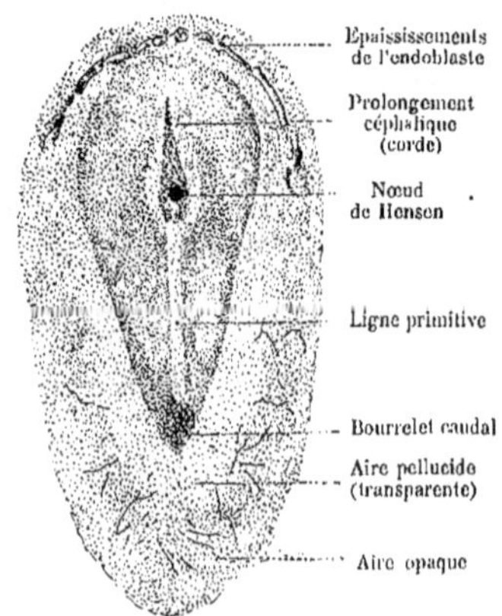

9. Aire embryonnaire d'un *Lapin*. D'après Kölliker.

1. Crâne de **Varanus** (Lézard).

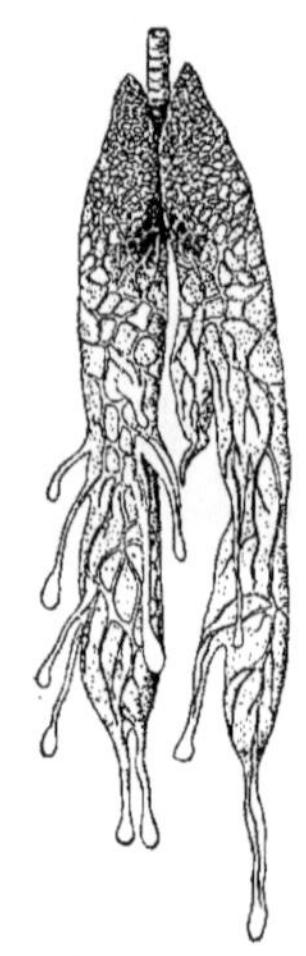

2. Poumons de **Chamaeleo monachus ;** les vaisseaux sanguins sont représentés

Reptiles.

Les Reptiles ont apparu dans les temps géologiques, bientôt après les Amphibiens stégocéphales, dont le squelette dermique était bien développé ; on doit les considérer comme les descendants de ces derniers.

Les *Vertèbres* sont *biconcaves* chez beaucoup de formes fossiles, et aussi chez quelques reptiles actuels, tels que l'*Hatteria* et les *Ascalabotes* : on observe alors, dans chaque espace intervertébral ainsi ménagé, un *épaississement* de la corde.

Toutefois, les vertèbres sont, en général, *procœles* et articulées entre elles. Chez les Chéloniens, la forme de la vertèbre varie à l'infini : procœle, amphicœle, opisthocœle, biconvexe même, avec des disques intervertébraux cartilagineux. — Au moins deux *vertèbres sacrées*, avec des apophyses transverses puissantes. — Le corps de l'*Atlas* est représenté par l'apophyse odontoïde de l'Epistropheus (Axis) ; *un seul* condyle occipital. — Les *côtes* se fusionnent, en général, pour former ventralement un sternum ; il existe souvent, en outre, un sternum abdominal. — Dans la plupart des cas, les membres sont courts.

Le *crâne osseux* renferme un petit encéphale. Dans la voûte du crâne, on peut souvent observer un trou, ménagé pour le passage de l'œil pinéal. L'existence de puissantes dents rend nécessaire une série de nouveaux os (os de revêtement ou de recouvrement) : Pré et Post frontal, Transverse, Columelle des Lézards, Ectoptérygoïde et Prosquamosum des Reptiles fossiles. — Un cornet dans les fosses nasales. — Une *Fenêtre ronde* vient s'ajouter à la fenêtre ovale ; la caisse du tympan communique en général avec le pharynx par une Trompe d'Eustache. La *Columelle* (columella auris) sert à transmettre les vibrations sonores et représente la chaîne des osselets.

Les *dents* font rarement défaut ; elles sont presque toujours coniques, la plupart du temps très nombreuses ; leur remplacement est illimité (Polyphyodontes). Elles sont immédiatement appliquées sur l'os, au fond d'une gouttière ouverte (Pleurodontes : Lacertiliens et autres) ; ou bien, implantées solidement dans des alvéoles (Thécodontes : Crocodiliens et de nombreux Reptiles fossiles), ou enfin soudées sur le bord libre de la mâchoire (Acrodontes : Sauriens). Les rares formes qui se nourrissent de plantes sont, ou bien monophyodontes, ou bien anodontes.

Le *squelette dermique* est souvent très développé chez les Reptiles : il consiste en *plaques osseuses* et en *écailles* formant quelquefois de vrais *boucliers* (carapace et plastron).

Les *Poumons* peuvent avoir la forme d'un sac, ou bien être divisés en chambres, ou enfin être traversés par un système bronchique arborescent. — Le cœur présente deux oreillettes et un ventricule composé de deux cavités, le plus souvent, incomplètement séparées par une cloison. — Animaux à température variable.

Le rein primitif fonctionne généralement chez le jeune longtemps encore après que celui-ci a abandonné l'œuf ; mais il finit plus tard par perdre sa signification d'organe excréteur.

Les œufs, pourvus d'une coque, sont de grande taille ; ils contiennent le vitellus nutritif nécessaire au développement du jeune reptile. La vessie urinaire acquiert de grandes dimensions et fonctionne comme un organe respiratoire embryonnaire ; l'embryon est enveloppé par l'amnios.

Chez beaucoup de Reptiles, le corps continue à s'accroître pendant toute la vie.

L'Epiphyse donne naissance, chez quelques Reptiles, à un organe vésiculeux saillant au dehors, véritable *œil impair*, appelé *œil pinéal* ou *œil pariétal* (3-5).

Cette vésicule optique est transparente dans sa région supérieure, qui est ainsi transformée en cristallin ; quant à sa région postérieure, elle présente une rétine et des cellules à pigment.

Un « trou pariétal » est ménagé dans le crâne pour le passage de l'œil pinéal. — Chez d'autres Reptiles, l'Epiphyse est une vésicule enfermée dans le trou pariétal, et sa cavité est garnie de cellules vibratiles (Chamaeleo, Platydactylus). Voir page 28, 1.

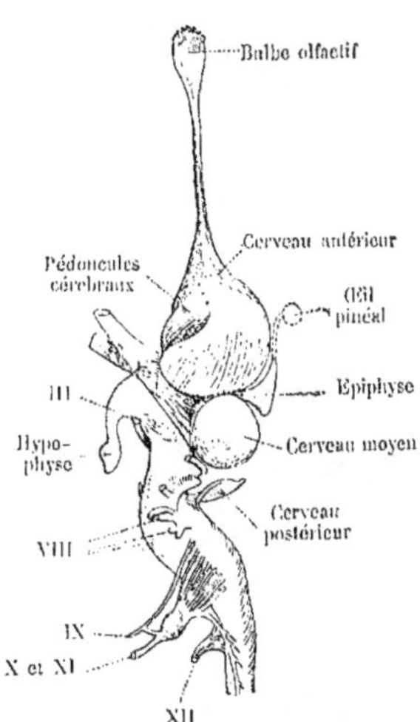

3. Encéphale de l'**Hatteria punctata**, vu de profil. D'après Wiedersheim.

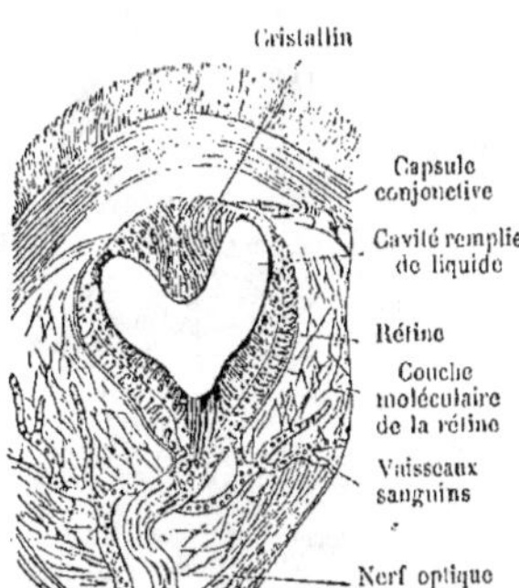

4. Coupe longitudinale de l'*œil pinéal* de l'**Hatteria**. D'après Spencer.

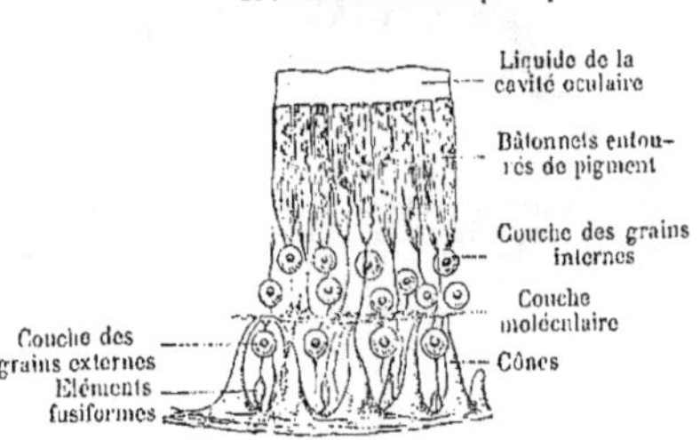

5. Coupe de la rétine de l'**Hatteria punctata**. D'après Spencer.

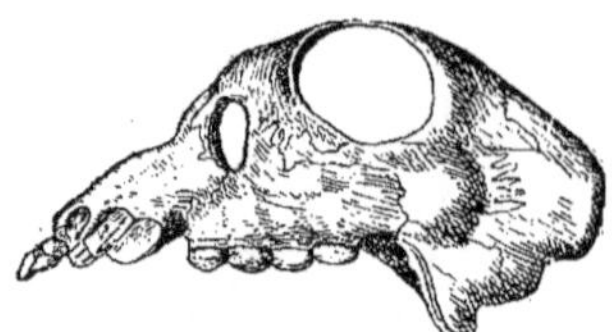

6. Placodus hypsiceps, Muschelkalk, environ 1/5. D'après H. von Meyer.

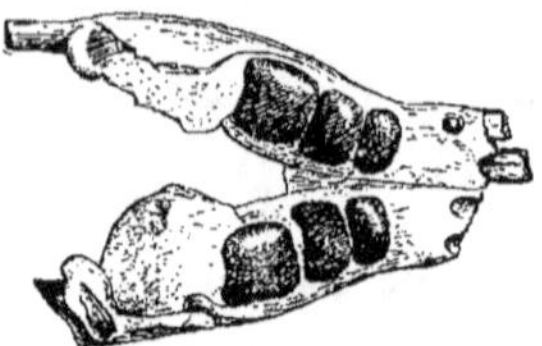

7. Placodus gigas, Mâchoire inférieure réduite, Muschelkalk.

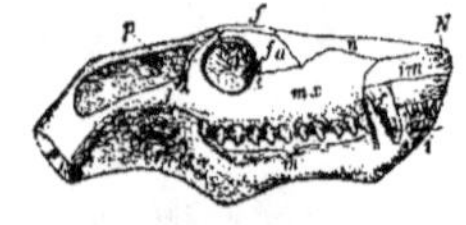

7 a. Galesaurus (Théromorphe).
Denture différenciée.
Trias de l'Afrique méridionale.

A Orbite   m Molaires
c Canine   mx Maxillaire
f Frontal   N Cavité nasale
fa Préfrontal   n Nasal
i Incisives   p Pariétal
im Prémaxillaire   S Fosse temporale
j Jugal

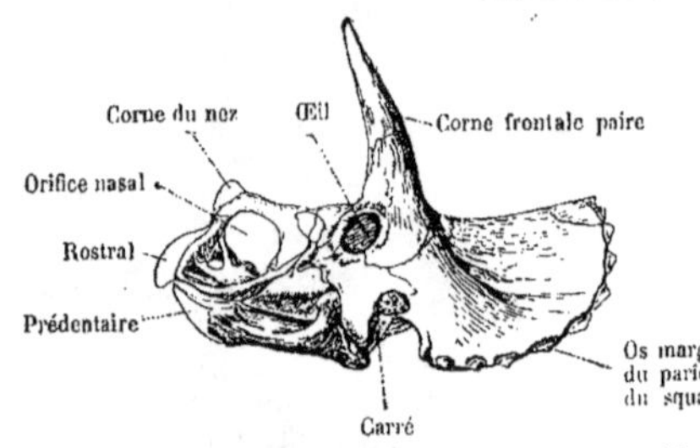

8. Crâne de **Triceratops** (Dinosaurien). Crétacé supérieur.
1/40 de la grandeur naturelle. Dans v. Zittel.

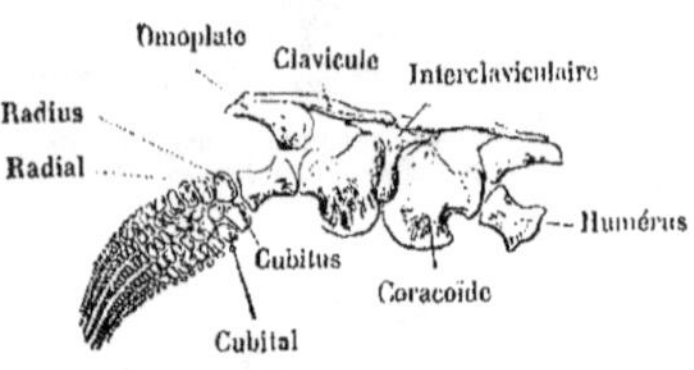

8 a. Ceinture scapulaire de l'**Ichthyosaurus communis**. Dans v. Zittel.

De très nombreux genres se sont *éteints*, dont on ignore encore de nos jours, en partie, la généalogie.

Les plus anciens reptiles sont les *Proganosauriens* du Permien, auxquels se rattachent les *Pelycosauriens* ; ces derniers forment une transition vers les Rhynchocéphales ; chez eux, le Carré est presque entièrement entouré par le Squamosal, le Prosquamosal et le Quadratojugal. Ces Ordres possédaient déjà le double arc temporal, caractéristique des reptiles, et dont le supérieur seul s'est conservé chez les Mammifères.

Les six premiers Ordres suivants ont, eux aussi, complètement ou presque complètement disparu.

1. RHYNCHOCÉPHALES.

Cet ordre n'est représenté de nos jours que par le seul genre **Hatteria** (3-5).

Le genre le plus ancien que nous connaissions, à l'état fossile, est le **Palaeohatteria**, forme mal spécialisée, d'allure embryonnaire, avec deux dents sur le Vomer. **Dimetrodon.**

Le corps, terminé par une longue queue, rappelle celui du lézard ; les vertèbres amphicèles présentent encore quelquefois des restes de la corde dorsale ; il existe des Intercentres (v. page 14). Dents acrodontes. Ecailles cornées produites par la peau.

2. THÉROMORPHES.

Du Permien au Muschelkalk.

Groupe très riche en espèces : vertèbres amphicèles ; 2 à 4 vertèbres sacrées ; côtes antérieures sternoventrales à deux têtes, et dents aux formes variées, enchâssées dans des alvéoles. Les caractères suivants paraissent être communs aux Théromorphes et aux Mammifères inférieurs : le grand polymorphisme des dents (anisodontie), la soudure des os pubiens et ischions en un seul, la soudure des os de la ceinture scapulaire et la structure (squelettique) des membres postérieurs.
— *Anomodontes* : mâchoires dépourvues de dents, ou n'offrant que deux grosses dents sans racines (Défenses préhensiles) ; de 5 à 6 vertèbres sacrées : **Dicynodon.**
— *Placodontes* : **Placodus** : de grosses dents palatines en forme de pavés ; des incisives sur le Prémaxillaire ; une rangée de molaires arrondies sur le Maxillaire ; enfin, des incisives et des dents en pavés sur la mâchoire inférieure (6 et 7). — *Theriodontes* : dents coniques de Carnivores sur les deux mâchoires. **Galesaurus** (7 a).

3. DINOSAURIENS.

Corps pourvu d'une longue queue ; vertèbres et os longs, souvent caverneux ou creux ; sacrum formé de 2 à 7 vertèbres. Dents présentant une couronne tranchante. Membres postérieurs plus longs que les membres antérieurs. Doigts avec des griffes ou des sabots.

Megalosaurus, colosses terrestres (Fémur pouvant atteindre un mètre de long). — **Compsognathus** : Crâne ornithoïde, présentant des dents ; quatre pattes destinées à la marche. — Vertèbres et os des membres pneumatiques. — **Stegosaurus.** Le Sacrum, composé de 4 vertèbres, renferme une cavité neurale, élargissement du canal neural, qui est 10 fois plus développée que le crâne, dont le cerveau était extrêmement petit ; la grosseur de la masse nerveuse incluse dans la chambre neurale est en rapport direct avec l'importance très considérable des membres postérieurs. De grandes plaques osseuses sur le dos (9). — **Triceratops,** du Crétacé supérieur. Crâne ayant jusqu'à 2 m. 40 ; cerveau excessivement petit. Frontal armé d'une paire de puissantes cornes. Maxillaire supérieur pourvu d'une rangée de dents à *deux* racines (8). — **Iguanodon,** jusqu'à 5 mètres de long ; il rappelle le Kangourou par son port, et possède des dents en forme de scie et à remplacement continu.

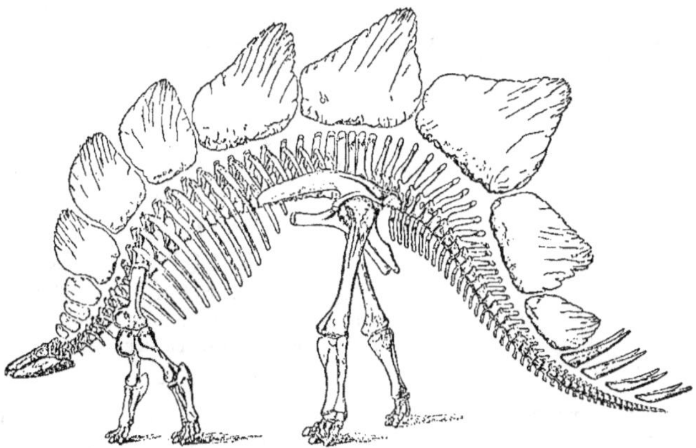

9. **Stegosaurus ungulatus** (Dinosaurien), 1/60 de la grandeur naturelle. Restauré. D'après Marsh. Le sacrum formé de 4 vertèbres renferme la chambre neurale. De grandes plaques osseuses tout le long du dos.

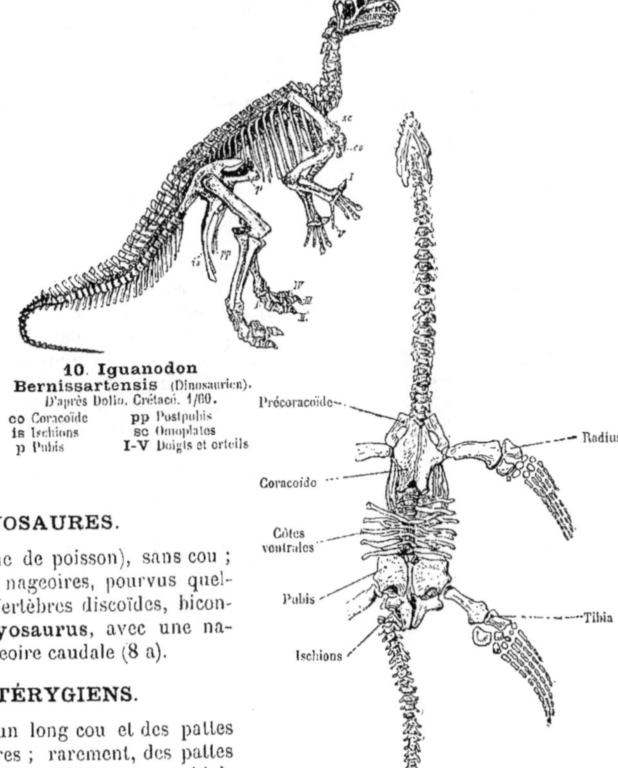

10. **Iguanodon Bernissartensis** (Dinosaurien). D'après Dollo. Crétacé. 1/60.

co Coracoïde   pp Postpubis
is Ischions   sc Omoplates
p Pubis   I-V Doigts et orteils

11. **Plesiosaurus dolichodeirus** (Sauroptérygien), Lias inférieur. 1/18.

4. ICHTHYOSAURES.

Corps ichthyoïde (forme de poisson), sans cou ; membres transformés en nageoires, pourvus quelquefois de 6 à 7 doigts. Vertèbres discoïdes, biconcaves. Peau nue. **Ichthyosaurus,** avec une nageoire dorsale et une nageoire caudale (8 a).

5. SAUROPTÉRYGIENS.

Nageurs marins avec un long cou et des pattes transformées en nageoires ; rarement, des pattes servant à la marche. Vertèbres faiblement amphicèles. **Plesiosaurus** (11). — **Nothosaurus** (12).

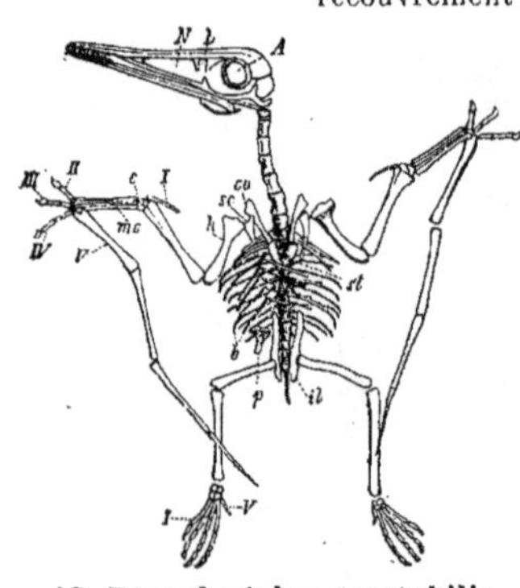

**12. Nothosaurus
mirabilis** (Sauroptéry-
gien). Muschelkalk. 1/6.
D'après Quenstedt.

13. Pterodactylus spectabilis
(Ptérosaurien), des schistes lithographiques de Solenhofen (face ventrale),3/4.

A	Orbite.	*il*	Ilium
L	Cavité lacrymale	*mc*	Métacarpe
N	Cavité nasale	*p*	Pubis
b	Côtes ventrales	*sc*	Omoplates
c	Carpe	*st*	Sternum
co	Coracoïde	*I–V*	Doigts et orteils.
h	Humérus	*l*	Doigt externe ensiforme

6. PTÉROSAURIENS.

Fossiles du Jurassique et du Crétacé. Le doigt externe de la patte antérieure étant extrêmement allongé, le membre antérieur se trouvait transformé
en organe du vol : un repli cutané, comparable à celui des chauves-souris,
était étendu de chaque côté entre ce cinquième doigt et le membre postérieur. Os du squelette pneumatiques. Vertèbres procèles. Omoplate et Coracoïde réduits ; Clavicule et Episternum font défaut. — Les ailes étalées, certains d'entre eux pouvaient mesurer jusqu'à 6 mètres de long ; d'autres
avaient la taille du moineau. **Ptérodactylus** (13).

7. LÉPIDOSAURIENS.

Vertèbres procèles, très rarement amphicèles. Côtes du tronc munies d'une
seule tête articulaire. Dents acrodontes ou pleurodontes. Peau recouverte
d'écailles cornées, rarement d'écailles ossifiées, ou d'écussons.

A. *Lacertiliens*, *Sauriens*, *Lézards*.

Vertèbres procèles, à surfaces articulaires elliptiques, avec grand axe trans-
versal. Région antérieure du crâne ou museau souvent mobile ; entre le Pariétal et le Ptérygoïde, s'est surajoutée une mince baguette osseuse, os de
recouvrement nouveau, la *Columelle*, qui réunit ces deux os entre eux ; cette
columelle, qui est mobile, manque chez les Caméléons et
les Amphisbènes ; le crâne primordial cartilagineux persiste dans la région de l'Ali- et de l'Orbitosphénoïde.
*Les pièces de la rangée proximale du Tarse et le Central sont
fusionnés en une seule masse osseuse* (page 24). Épiphyse
formant quelquefois un « œil pinéal » (Lacerta, Anguis,
etc.). — Mimétisme chromatique défensif, général. — *Cras-
silingues* avec une langue épaisse, non protactile : **Platydactylus guttatus**, Gecko, dont l'extrémité des doigts
est pourvue de feuillets (ou lamelles) adhésifs (par le vide).
Draco volans, avec un repli cutané latéral en forme de
parachute, étendu sur les côtes antérieures qui sont très
allongées. **Iguana.** — *Brevilingues*, aux membres courts
pouvant même faire défaut. **Anguis fragilis**, Orvet, vivipare. **Pseudopus Pallasii**, avec de petites écailles
osseuses développées dans la peau. — *Fissilingues* ; langue protractile et fourchue. **Lacerta agilis, L. vivipara. Varanus**, chez lequel les deux ventricules du cœur
sont presque complètement séparés. — *Vermilingues* ; langue vermiforme, très protractile ; des chromatophores dans
la peau : **Chamaeleo vulgaris**. — *Annelés* ; peau non
écailleuse, à la surface de laquelle des sillons longitudinaux et transversaux donnent l'aspect d'une mosaïque.
Jamais de membres postérieurs. Comme chez les serpents,
les yeux manquent chez eux de paupières ; la membrane
du tympan et le sternum font également défaut ; quant
au poumon gauche, il est, chez eux aussi, rudimentaire.
Amphisbæna.

B. *Ophidiens, Serpents.*

Cet ordre est d'origine relativement récente (1) ; il renferme de nombreuses espèces aux formes très variées chez lesquelles les effets de la lutte pour l'existence ne se sont pas encore bien fait sentir. Le nombre des vertèbres (procèles) peut s'élever à 300. Le corps est supporté par les extrémités cartilagineuses des côtes réunies entre elles par des ligaments ; les membres font défaut, ou bien les membres postérieurs, quand ils existent, sont tout à fait radimentaires. La boîte crânienne est très rigide (il n'existe ni caisse du tympan, ni membrane du tympan, ni trompe d'Eustache) ; par contre, les pièces de « l'appareil maxillo-palatin » peuvent s'écarter beaucoup les unes des autres : la cavité buccale acquiert ainsi des proportions considérables qui permettent au serpent d'engloutir d'un coup en totalité des animaux de grande taille. — Les glandes salivaires volumineuses se différencient en glandes à venin dont la sécrétion se déverse dans les dents venimeuses à leur base (dents cannelées et dents tubulaires); celles-ci peuvent être remplacées par d'autres, de même nature. — Le poumon droit acquiert un volume considérable ; son extrémité postérieure ne présente ni vaisseaux, ni alvéoles ; elle constitue un réservoir d'air utilisé par l'animal pendant que la proie, au moment de la déglutition, met obstacle à l'entrée de l'air respiratoire. La sécrétion lacrymale s'écoule entre la paupière et la cornée ; elle se déverse par une ouverture commune avec celle de l'organe de Jacobson situé sur le toit

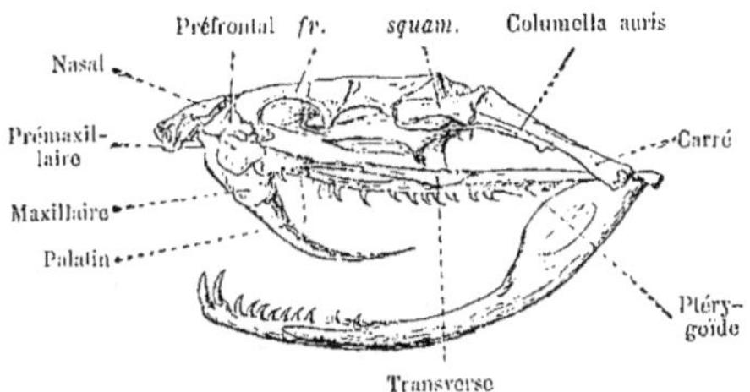

14. Crâne de *Serpent*, vu par dessous. D'après Selenka.

15. Crâne de **Craspedocephalus atrox**
(Vipère). D'après Boas.
p Pariétal ; *fr* Frontal ; *squam* Squamosal, reliés par une articulation mobile à la boîte crânienne très rigide.

de l'arrière-bouche ; elle sert à humecter et lubrifier la proie. Les couches les plus superficielles du revêtement écailleux tombent plusieurs fois par an (mue). Organes urogénitaux (ou organes génitaux et reins) de longueur asymétrique (ou inégale) ; ceux de droite plus profondément situés que ceux de gauche. Excrétions consistant principalement en acide urique. Ovipares, ovivivipares ou vivipares.

Angiostomes : os de la face non mobiles ; ils se nourrissent d'insectes. **Typhlops.** — *Colubriformes*, non venimeux : **Tropidonotus natrix,** Couleuvre à collier, bonne nageuse. **Boa constrictor. Python,** Sumatra. — *Proteroglyphes*, avec de grosses dents venimeuses cannelées portées en avant par la mâchoire supérieure : **Naja haje,** serpent de Cléopâtre. **Naja tripudians,** serpent à lunettes, les côtes antérieures peuvent s'écarter considérablement, ce qui permet au corps de s'élargir démesurément. **Hydrophis,** océan indien : narines fermées par des valvules. — *Solénoglyphes* : tête triangulaire ; sur la mâchoire supérieure, très petite, se trouve de chaque côté une dent venimeuse tubulaire (canaliculée) : **Vipera (Pelias) berus,** petite vipère. **Crotalus durissus,** serpent à sonnettes ; l'extrémité de sa queue est terminée par des anneaux cornés qui, emboîtés les uns dans les autres, peuvent produire un certain son : d'où son nom de « serpent à sonnettes ».

8. CROCODILIENS.

Crocodiles.

Plaques dermiques osseuses et cornées. Crâne très rigide avec des dents thécodontes (implantées dans des alvéoles), dont le remplacement est continu pendant toute la vie de l'animal. Le sternum s'étend en arrière très loin dans la région abdominale jusqu'au bassin. Ventricules du

---

(1) M. le professeur Gaudry, dans ses *Enchaînements du monde animal* (fossiles secondaires), s'exprime ainsi au sujet des serpents. « L'ordre des serpents est le seul ordre des reptiles allantoïdiens qui n'ait point encore été retrouvé dans le groupe secondaire. Les serpents ont laissé peu de débris dans les terrains tertiaires ; c'est aujourd'hui qu'ils semblent avoir leur règne. » (Note du traducteur.)

cœur séparés ; un seul petit orifice les fait cependant encore communiquer entre eux. Poumons avec arborisation bronchique. Entre les vertèbres, il existe des disques intervertébraux.

Crocodilus ; dents aux formes dissemblables. La première dent de la mâchoire inférieure est reçue dans une fossette correspondante de l'intermaxillaire ; la quatrième, dans une échancrure du bord de la mâchoire supérieure. **C. vulgaris**, Crocodile du Nil. — **Alligator** : 1re et 4e dents reçues dans les fossettes du maxillaire supérieur. Amérique. — **Gavialis**, au museau très allongé : 1re et 4e dents reçues dans des échancrures du maxillaire supérieur. Indes. **G. gangeticus**. — On trouve des restes fossiles de Crocodiliens déjà dans le Trias.

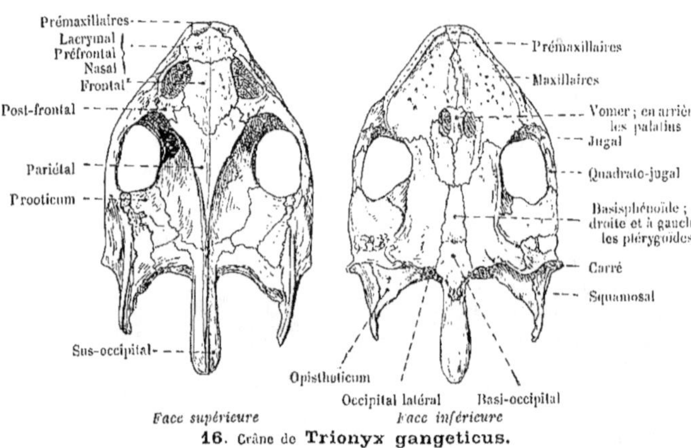

Face supérieure   *Face inférieure*

16. Crâne de **Trionyx gangeticus**.

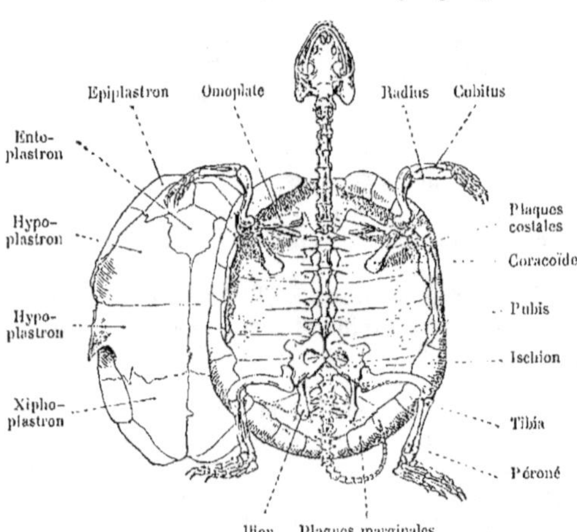

17. Emys (*Cistudo*) **lutraria** (= Testudo europaea) ; Bavière méridionale. Le plastron a été scié et placé à gauche.

9. CHÉLONIENS.

Tortues.

Ces reptiles ont apparu dans le Trias (Keuper).

Une cuirasse dermique constituée par des plaques cartilagineuses et osseuses, qui se soudent avec la colonne vertébrale et les côtes, sert à protéger les parties molles : il existe ainsi un bouclier dorsal (Carapace) et un bouclier ventral (Plastron), réunis tous deux sur les côtés.

L'épiderme de la carapace s'épaissit lui-même en plaques cornées (*Écaille*). Le reste de la peau est aussi recouvert d'un épiderme en petites plaques cornées. Vertèbres amphi-, pro- et opisthocèles se rencontrant chez un même individu ; 8 vertèbres dans la région du cou ; 10, dans la région dorsale. Pas de sternum ; pas de dents, mais, généralement, un bec corné. De grands cœurs lymphatiques dans le bassin. *Potamides* ; ce sont les formes fluviatiles les plus hautement différenciées ; l'épiderme du corps et du bord de la bouche est mou ; les pieds, pourvus de trois doigts, sont palmés : **Trionyx ferox**. — *Thalassides*. Tortues marines, qui remontent à l'époque Crétacée et ont pour ancêtres des tortues fluviatiles ; boîte crânienne aplatie et incomplète ; pattes transformées en nageoires : **Cholone imbricata**, Caret, Océan Atlantique et Indien. — *Emydes*, Tortues bourbeuses ; carapace et plastron complets : **Emys lutraria**, Europe et Afrique septentrionale. — *Chersides*. Tortues terrestres ; carapace osseuse et fortement *bombée* ; pieds différenciés en vue de la marche ; doigts réunis jusqu'aux ongles ; **Testudo graeca**. On en a trouvé des restes fossiles déjà dans l'Eocène.

Aves, Oiseaux.

Le vol, mode de locomotion spécial aux Oiseaux, imprime aux organes de ces animaux un caractère tout à fait particulier. Par son énergie, le vol exige de grands efforts ; aussi, les échanges vitaux sont-ils plus intenses, l'hématose plus active.

Une nourriture très abondante est rendue nécessaire ; c'est pour cela que les organes végétatifs présentent un remarquable développement de leur surface.

Le squelette réunit deux qualités à la fois : il est léger et, en même temps, solide et rigide ; les os sont, pour la plupart, volumineux chez l'oiseau, mais ce volume est dû à ce que, à peine formés, ils sont pénétrés par des prolongements des sacs aériens. — Dans les *vertèbres de la région cervicale* (qui peuvent atteindre le nombre de 25), les *corps* sont articulés entre eux par *emboîtement réciproque* ; celles de la région du tronc sont peu mobiles, quelquefois même complètement immobiles par suite de leur soudure ; la dernière vertèbre dorsale, celle qui précède immédiatement le sacrum, reste cependant toujours libre (1) ; les vertèbres sacrées (dont le nombre peut s'élever à 23) sont soudées entre elles et aussi, par l'intermédiaire de leurs apophyses transverses, avec l'Ilion (2) ; les 5 à 10 dernières vertèbres caudales sont intimement unies, et constituent le pygostile, lame osseuse verticale, qui peut être quelquefois élargie latéralement. — Le *sternum* (qui unit les extrémités des côtes), avec son *bréchet*, offre de larges surfaces d'insertion aux muscles pectoraux (chez les mauvais voiliers, ce sont les muscles pâles et pauvres en vaisseaux sanguins qui prédominent) ; les os sterno-costaux s'articulent inférieurement au bord du sternum, et, par leur extrémité supérieure, aux vraies côtes : celles-ci présentent des *apophyses uncinées*, dont chacune recouvre la côte suivante (4). — La *ceinture scapulaire* est toujours très solide ; les deux clavicules, soudées la plupart du temps, forment la *Fourchette* (3) ; la main est atrophiée (5). — La *ceinture pelvienne* ne présente

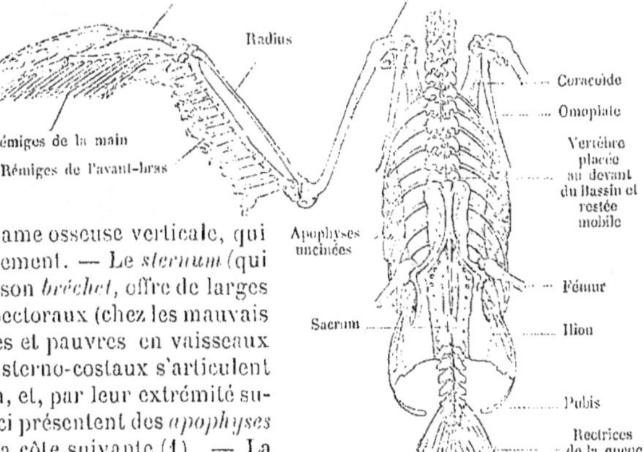

1. Moitié gauche du Squelette de la *Poule*. D'après Milne Marshall et Hurst.

2. Squelette du tronc de **Vulpanser tadorna**, avec les Rectrices. Vue dorsale. D'après Selenka.

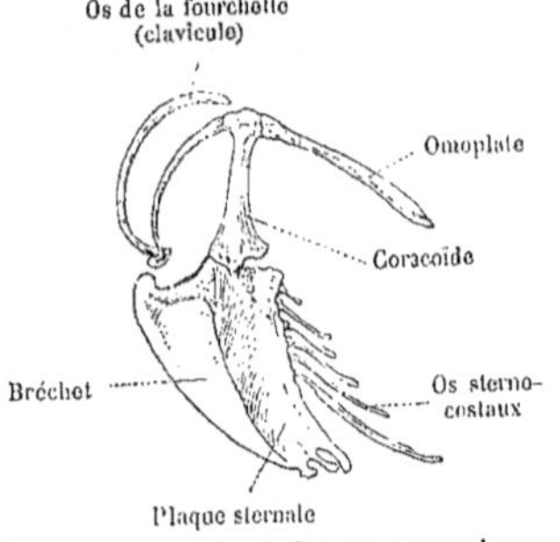

3. Ceinture scapulaire de **Larus marinus**.
D'après Selenka.

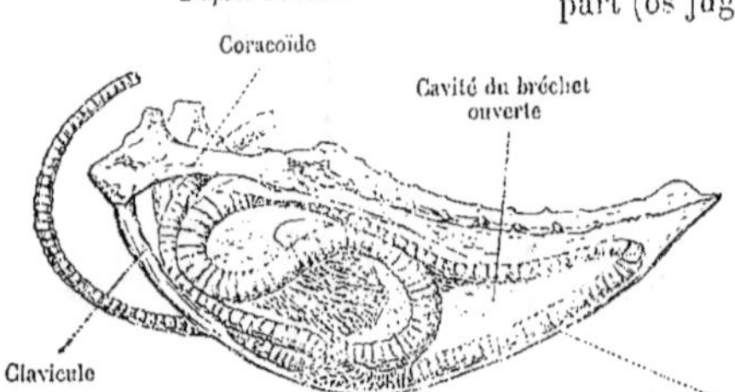

4. Sternum de **Grus pavonia**. La paroi du bréchet large et creux,
dans lequel est logée une anse de la trachée, a été enlevée du côté de l'observateur.

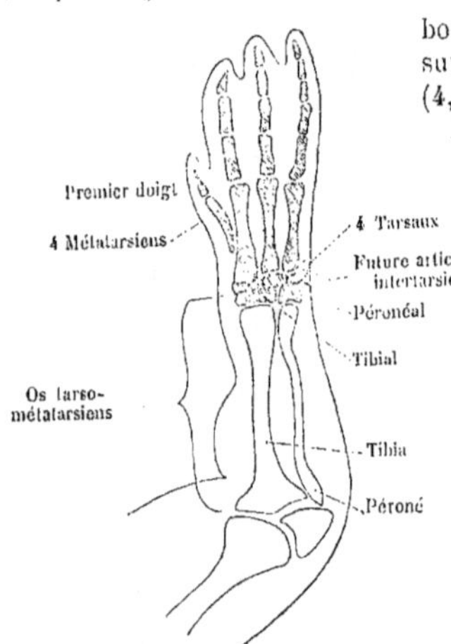

6. Pied du **Pingouin**, au 15ᵉ jour de l'incubation.
D'après Studer.

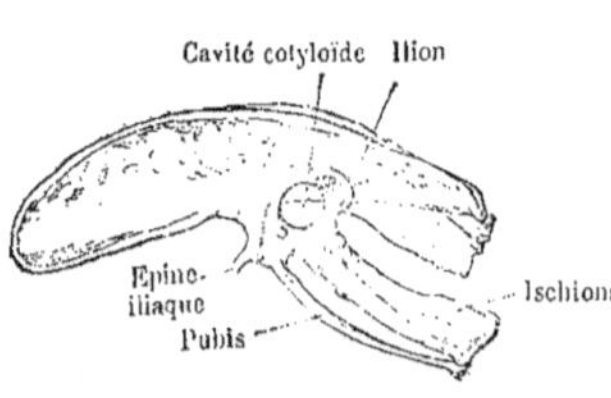

7. Bassin de l'**Apteryx**. Côté gauche.

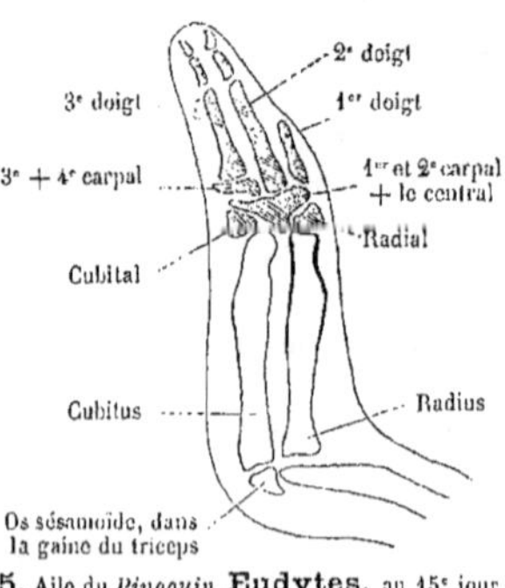

5. Aile du *Pingouin* **Eudytes**, au 15ᵉ jour
de l'incubation. D'après Studer.

de symphyse pubienne que chez les oiseaux qui ne volent pas (Autruche) ; Péroné rudimentaire ; Tarse soudé, en partie avec le Tibia, et en partie avec les 3 métatarsiens eux-mêmes fusionnés : il se forme ainsi une articulation intertarsienne à chaque extrémité (1, 6). — Les *Os du crâne* se soudent de bonne heure, sauf chez l'autruche, chez laquelle la soudure n'est que partielle. La mandibule supérieure est réunie au crâne soit par une lamelle osseuse, transverse, mince, élastique, soit, comme chez les perroquets, par une articulation également transverse. Elle est donc mobile grâce au jeu de l'une et à l'élasticité de l'autre. Elle peut ainsi s'élever ou s'abaisser, grâce aux mouvements de bascule en avant et en arrière de l'os carré, mouvements de l'os carré qui lui sont transmis par l'appareil maxillo-palatin articulé d'une part (os jugal et ptérygoïde) avec cet os carré, et glissant d'autre part (palatin articulé avec le ptérygoïde), sur le rostre du basi-sphénoïde (8-10).

Les *poumons* sont rendus adhérents à la paroi dorsale de la cavité thoracique par du tissu conjonctif ; ils sont traversés par des bronches, et possèdent, de chaque côté, généralement 5 appendices sacciformes, dont les 2 antérieurs et le postérieur pénètrent dans l'intérieur de certains os, et entre les viscères et les muscles (14). La *trachée* est, le plus souvent, pourvue d'un Syrinx (Larynx inférieur) ; chez quelques bons voiliers, elle est très longue et forme des anses, soit situées sur le sternum, soit logées dans la cavité creusée dans cet os (4, 13). L'Apteryx seul présente un diaphragme.

La séparation des oreillettes ainsi que celle des ventricules est complète dans le cœur des oiseaux ; il existe une crosse aortique droite.

Les *yeux* sont très grands (16, 17) ; la sclérotique possède un anneau osseux (Pour l'organe de l'ouïe, voir page 38, 7 ; pour l'encéphale, page 31, 12).

Le *revêtement de plumes* (11, 12) est soumis à des mues périodiques ; ces formations épidermiques ne recouvrent pas le corps entier d'une manière continue ; elles sont bien plutôt groupées, suivant des lois déterminées, sur certains points de ce corps.

Les *organes digestifs* sont adaptés au vol d'une façon tout à fait caractéristique. Les dents, dont le poids alourdit la tête, ont disparu chez les oiseaux actuels ; à leur place, existe le bec corné, organe d'une grande légèreté ; par suite, la trituration des aliments est dévolue au jabot, à l'estomac musculeux (gésier) et à l'estomac glandulaire. — Deux cæcums débouchent à la limite de l'intestin grêle et du gros intestin. — Dans le cloaque s'ouvre la *Bourse de Fabricius* (peut-être homologue

de la poche anale de quelques Reptiles).

Les *organes génitaux* subissent, chez la femelle, une
modification qui n'est pas
moins particulière : l'ovaire
droit est généralement atrophié ; l'ovaire gauche, très
volumineux, produit des
œufs, qui se développent et
sont pondus l'un après l'autre, se succédant avec une
étonnante rapidité.

La coloration du
plumage est va-
riable suivant le
mode de vie de
l'oiseau, et, aussi,
suivant le sexe. La
femelle, qui cou-
ve les œufs, exige
une « coloration
protectrice » de ses
plumes, lui per-
mettant de ne pas
être aperçue de ses
ennemis : chez tous
les Oiseaux femel-
les qui couvent à
ciel découvert, les
plumes du dos
montrent une tein-
te qui se confond
avec celle des ob-
jets qui entourent
les nids. Les *mâ-
les*, au contraire,
qui recherchent les
faveurs des femel-

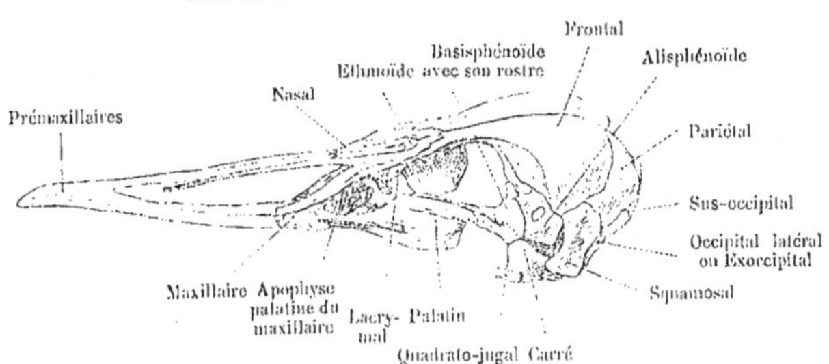

8. Crâne d'une **jeune Cigogne, Ciconia alba**; vu de profil.
Les sutures des os ne sont pas encore complètes. Le jugal n'est pas représenté. — D'après Selenka.

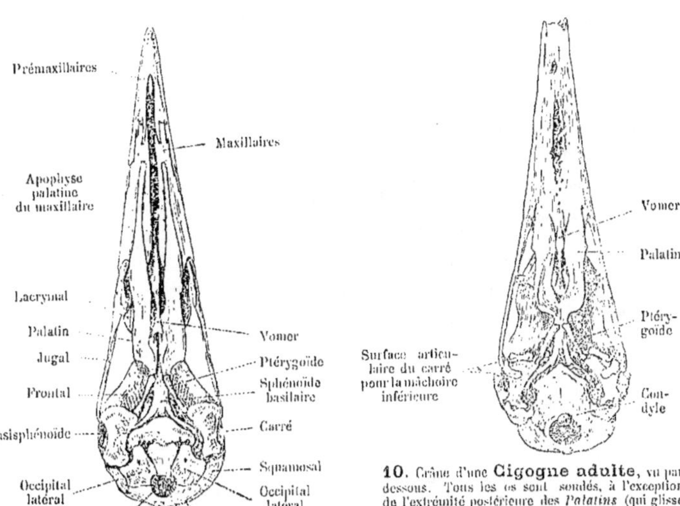

9. Crâne d'une **toute jeune Cigogne**,
vu par dessous. — D'après Selenka.

10. Crâne d'une **Cigogne adulte**, vu par
dessous. Tous les os sont soudés, à l'exception
de l'extrémité postérieure des *Palatins* (qui glisse
sur le basisphénoïde), des *Ptérygoïdiens*, des
Carrés, et aussi des extrémités postérieures des
Quadrato-jugaux et des *Lacrymaux*.
D'après Selenka.

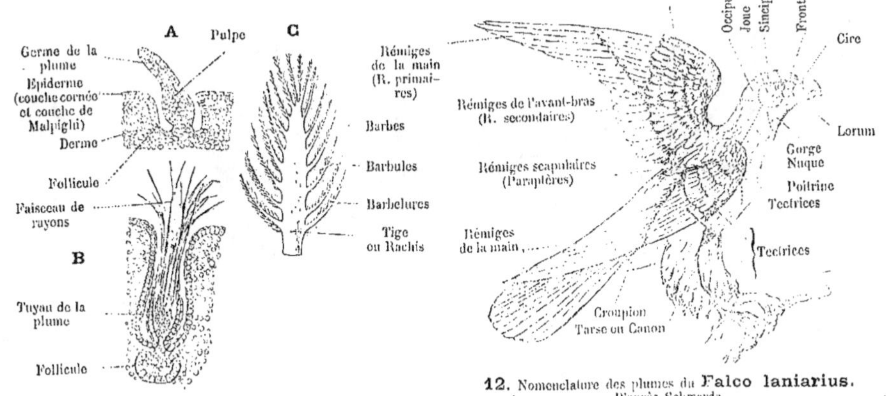

11. Développement des *Plumes*.

12. Nomenclature des plumes du **Falco laniarius**.
D'après Schmarda.

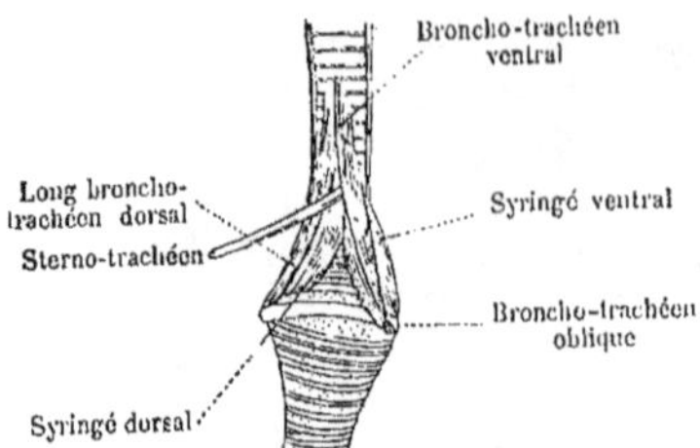

13. *Syrinx* (Larynx inférieur) de **Corvus** avec son appareil musculaire. Des 7 paires de muscles, il en est deux : le broncho-trachéen dorsal court et le syringé ventrilatéral qui sont cachés. D'après Gadow.

les, ont tout intérêt à être revêtus d'un élégant et brillant plumage ; ils ne se distinguent quelquefois par cet artifice que pendant l'époque des amours ; ils portent alors leur « habit de noce ». Cette parure met leur existence en danger et leur est même souvent fatale, conséquence qui présente peu d'inconvénients au point de vue de la reproduction de l'espèce, car ces mâles ont eu, généralement, avant de succomber, le temps de féconder les œufs.

Lorsque le mâle et la femelle présentent tous les deux également un plumage aux vives couleurs (et c'est le cas pour 1/7 des Oiseaux actuels), ils construisent alors des nids entiers clos dans des endroits cachés.

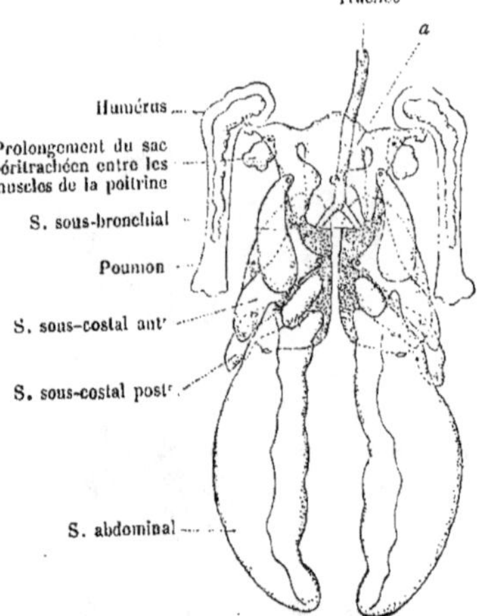

14. Poumons et sacs aériens d'un jeune *Pigeon* ; Figure schématique d'après Heider.
a, Communication du sac péritrachéen avec les cellules aériennes sternales ; à côté, les sacs cervicaux.

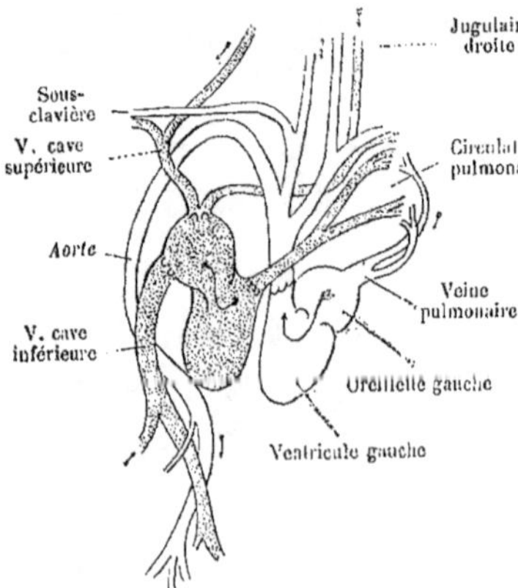

15. Schéma du *Cœur d'Oiseau*. Le sang *veineux* (noir) est représenté par des ponctuations. D'après Gadow.

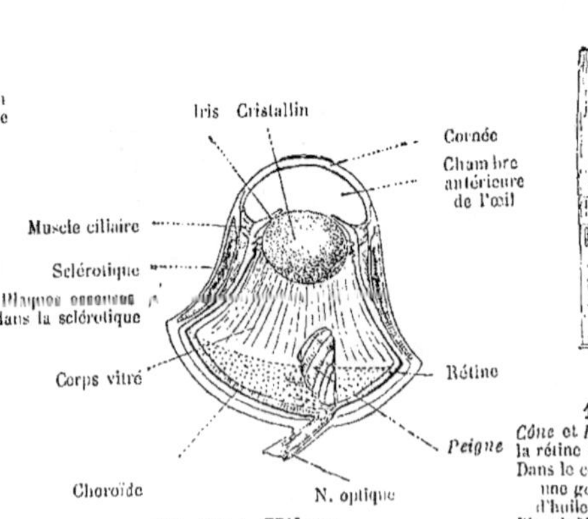

16. Œil de **Hibou**.

17
Cône et *Bâtonnet* de la rétine du *Faucon*. Dans le cône, on voit une gouttelette d'huile colorée. D'après Max Schultze.

1. SAURURÉS, ARCHAEORNITHES.

C'est dans la pierre lithographique de Solenhofen (couche supérieure du Jura blanc) que l'on a découvert deux exemplaires de l'**Archaeopteryx lithographica**. — Cet animal était un véritable oiseau qui, toutefois, se distinguait de nos oiseaux actuels par les caractères suivants : 1° l'existence de dents ; 2° la petitesse du bassin ; 3° le grand nombre de vertèbres caudales libres ; 4° la présence de 3 doigts munis de griffes ; 5° le manque d'apophyses uncinées sur les côtes ; 6° l'existence de 2 os Carpiens et de 3 Métacarpiens distincts. Les vertèbres cervicales et thoraciques (dorsales) paraissent être biconcaves ; on compte 10 vertèbres cervicales, 12 dorsales, 2 lombaires, 6 sacrées, soudées entre elles, et 21 caudales (18).

2. ODONTORNITHES.

Oiseaux munis de dents.

On a trouvé des débris de ces oiseaux dans le Crétacé (moyen et supérieur) du Kansas. Ils possédaient des vertèbres biconcaves et des dents implantées dans des alvéoles ménagés dans les os du bec. Encéphale petit. Leurs mœurs étaient celles de nos oiseaux. — **Ichthyornis**. Les *Hesperornithes* de l'époque crétacée étaient des formes dégradées, incapables de voler ; pourvues de dents enfoncées dans une rigole ; leurs vertèbres cervicales étaient articulées entre elles par emboîtement réciproque ; enfin, leur sternum ne présentait pas de bréchet. — **Hesperornis** (19).

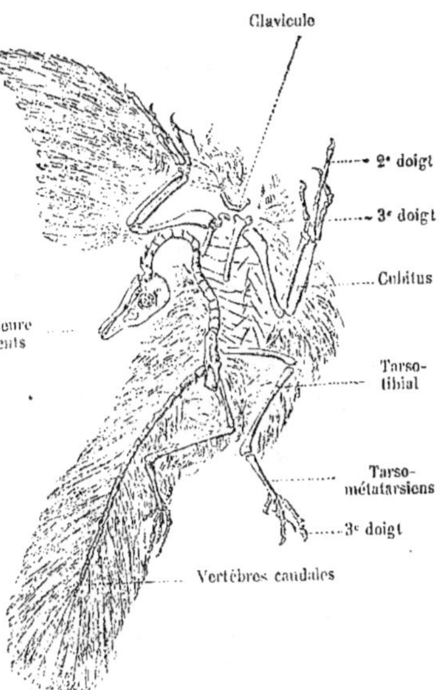

18. Archaeopteryx, un peu restauré. 1/5.

19. Une dent d'**Hesperornis**. D'après Marsh.

3. RATITES, COUREURS.

Oiseaux en régression, ayant perdu la faculté de voler
et appartenant aux continents les plus divers. — Sternum aplati, sans bréchet ; Clavicule et coracoïde, intimement soudés avec l'omoplate, et formant avec cet
os une pièce massive ; le membre antérieur est petit ;
il sert tout au plus de rame pour battre l'air, et accé-
lérer la course de l'oiseau. Les barbes de la plume
manquent de crochets ; aussi, ne s'engrenant pas, ne
sont-elles point étalées. Il existe un pénis dans le
Proctéon. — Les Coureurs ne dérivent pas d'une même
souche : ce sont des oiseaux qui proviennent d'espèces
diverses, mais qui ont dégénéré vraisemblablement
pour des causes analogues.

Struthio camelus, l'Autruche à *deux* doigts, d'A-
frique (le 3° et le 4° seuls persistants). Ceinture pelvienne complète.

Rhea americana, Nandou, à *trois* doigts.

Casuarius galeatus, Casoar à casque. La sous-
plume de l'hyporachis est aussi grande que la plume
principale ou du rachis.

Apteryx, le Kiwi, de la Nouvelle-Zélande. Il a la
taille d'un gros poulet et possède 4 doigts. Les ailes
sont rudimentaires, en moignons.

Le *peigne* fait défaut dans l'œil. Les os du crâne
seuls sont pneumatiques ; les sacs aériens n'existent
que dans la région thoracique, dont la cavité est séparée de celle de l'abdomen par un *diaphragme* (7).
Palapteryx, forme gigantesque du Quaternaire.

Dinornis giganteus, Moa, aux ailes presque atro-
phiées. Quaternaire.

4. CARINATES.

Sternum avec bréchet (1) ; les deux clavicules se réunissent inférieurement, presque toujours, pour constituer la fourchette (3). Des rémiges, des tectrices et
des rectrices. — Il est très difficile d'établir un système naturel qui préciserait les liens de parenté exis-
tant entre les familles qui composent ce groupe, et
cela, parce que les formes de transition qu'il serait
nécessaire de posséder, ou bien ont disparu, ou bien sont
restées inconnues.

a. Podiciformes, plongeurs au vol lourd, avec de
courtes plumes à la queue, et un estomac glanduleux
(ventricule succenturié) spacieux. **Colymbus. Podi-
ceps cristatus**, grèbe huppé ; Europe septentrionale.

b. Impennes, dont les ailes, ressemblant à des nageoires et pourvues de plumes en forme d'écailles, ne
présentent qu'une seule articulation, celle de l'épaule.
Estomac glanduleux (ventricule succenturié) spacieux.
Aptenodytes patagonica, grand manchot.

c. Procellariiformes, voiliers puissants aux trois
doigts antérieurs réunis par une membrane complète
(pieds palmés). Bec longuement fendu, terminé en cro-
chet, et présentant des sillons profonds. **Diomedea
exulans**, Albatros. Mers du Sud. **Procellaria pe-
lagica**, Pétrel, oiseau des tempêtes.

d. Lamellirostres (Anseriformes). Bec revêtu d'une
peau molle qui n'est cornée qu'à l'extrémité antérieure. Ventricule succenturié spacieux ; gésier aux
parois épaisses. De longs cæcums intestinaux. Doigts
antérieurs réunis par une membrane palmaire complète ; le doigt postérieur est placé plus haut. Bec
pourvu sur ses bords de *lamelles cornées* simulant des
dents. **Cygnus olor**, Cygne muet. **Anas boschas**,
canard sauvage. **Anser domesticus**. Oie. **Phœnicop-
terus**, Flamant.

e. Ciconiaeformes, Oiseaux échassiers et palmipèdes,
du genre Héron, **Ardea cinerea**, Héron cendré. **Ciconia alba**, Cigogne. **Ibis religiosa**, Ibis. — **Sula bas-
sana**, Fou de Bassan, aux pieds palmés (les 4 doigts
réunis par une membrane).

f. Charadriiformes, Coureurs (jeunes : nidifuges) ;
bons voiliers. **Charadrius**, Pluvier. **Vanellus cristatus**, Vanneau. **Scolopax**, Bécasse. — **Larus ridi-
bundus**, Goéland rieur ; **Sterna hirundo**, Hirondelle
de mer. — **Alca torva**, Pingouin, ailes et queue
courtes ; bec comprimé latéralement.

g. Gruiformes ; **Grus cinerea**, Grue cendrée (4).

h. Rasores Gallinacés (1) ; le doigt postérieur est
placé plus haut que les autres ; les ongles sont courts
et légèrement courbés ; les ailes, courtes et arrondies ;
le jabot est sacciforme ; Bons coureurs. Jeunes : nidifuges. **Gallus bankiva**. **Tetrao urogallus**, Coq de
bruyère. **Pavo cristatus**, Paon.

i. Columbiformes, Pigeons. Jeunes : nidicoles. Bec
court, dont la pointe seule est cornée ; il est renflé autour des narines. Un grand jabot et un puissant gésier.
Columba livia, Pigeon de roche, Biset ; habite les
côtes de la Méditerranée. **Didus ineptus**, Dronte ou
Dodo, de l'île Maurice, aujourd'hui éteint. Cet oiseau
lourd ne pouvait pas voler.

k. Accipitres, Rapaces diurnes. Bec puissant, recourbé à l'extrémité ; doigts armés de longues griffes également recourbées (serres). **Aquila,** igle, **Astur palumbarius,** Autour ordinaire. **Falco tinnunculus,** Faucon crécerelle, Emouchet. — **Vultur,** Vautour. — **Gypogeranus serpentarius,** Secrétaire, Serpentaire.

l. Coraciiformes. Sous ce nom, on désigne des oiseaux très voisins par leur organisation interne, mais qui sont très différents les uns des autres, au point de vue de leur forme extérieure ; les jeunes naissent aveugles.

Coracias garrula, Rollier. **Alcedo ispida,** Martin pêcheur. **Upupa epops,** Huppe vulgaire. — **Caprimulgus europaeus,** Engoulevent. — **Cypselus apus,** Martinet noir. — **Trochilus,** Colibri ; le mâle possède un magnifique plumage aux reflets métalliques. — **Picus martius,** Pic noir. Langue longue, armée de crochets recourbés en arrière, pouvant être projetée très loin : au repos, les cornes de l'os hyoïde sont recourbées, et s'étendent au-dessus du crâne jusqu'à la base du bec.

m. Les *Hiboux,* ou *Strigidés,* rapaces nocturnes ; oiseaux rapaces chassant de préférence pendant la nuit, sont aussi rangés parmi les Coraciiformes. Le plumage souple, le bec puissant et crochu, le crâne large, les yeux grands et dirigés en avant, caractérisent cette famille. **Strix flammea,** Effraye commun. **Bubo maximus,** Grand-Duc. Comme représentants de certains *Ordres* spéciaux, on peut encore citer les genres **Cuculus,** Coucou, et **Rallus,** Râle d'eau.

n. Psittacidés, Perroquets ; le 2e et le 3e doigts dirigés en avant ; le 1er et le 4e doigts dirigés en arrière (pied grimpeur). Les clavicules ne se soudent pas pour former la fourchette. La langue est épaisse et charnue. La mandibule supérieure est articulée avec les frontaux par une surface articulaire transverse, disposition qui rend possibles les mouvements étendus que l'oiseau doit imprimer à son bec pour grimper. **Psittacus erithacus,** Perroquet cendré. **Cacatua.**

o. Passereaux ; Syrinx ou « larynx inférieur », actionné par 5-7 paires de muscles (13). **Passer domesticus,** Moineau domestique. **Corvus frugilegus,** Freux. **Turdus merula,** Merle noir. **Hirundo rustica,** Hirondelle de cheminée. **Fringilla cœlebs,** Pinson ordinaire, ainsi nommé parce que le mâle est seul à ne pas émigrer en hiver. **Sturnus vulgaris,** Etourneau commun. **Alauda arvensis,** Alouette. — **Menura superba,** Menure, Lyre, grand oiseau de la Nouvelle-Hollande.

Mammifères.

Différences caractéristiques.

entre

Reptiles	et	*Mammifères*

Peau écailleuse ou cuirassée ; téguments bons conducteurs : Poikilothermes (animaux à température variable).

Grande et petite circulation, le plus souvent incomplètement séparées ; faible activité dans les échanges vitaux.

Poumons sacciformes, présentant une surface respiratoire peu étendue, pénétrant jusque dans la région abdominale ; cage thoracique petite.

Essentiellement carnivores, habitant surtout les climats chauds. Le Fœtus se développe à la température de l'air ambiant.

Mâchoires longues, garnies de dents coniques toutes semblables ; remplacement des dents continu (*polyphyodontes*) ; les reptiles *monophyodontes* (ne changeant pas de dents), ou bien *anodontes* (privés de dents) (Tortues), sont herbivores.

Cerveau antérieur petit ; centre olfactif bien développé.

1 Cornet olfactif.

Cou immobile ; 1 condyle.

Ovipares. Les œufs ont une coque, et possèdent une grande quantité de vitellus nutritif.

L'allantoïde fonctionne comme sac urinaire et comme organe respiratoire.

Les reptiles ont eu leur apogée dans le Permien et jusqu'au Jurassique et au Crétacé.

Peau revêtue de poils et pourvue d'un rembourrage adipeux : Téguments mauvais conducteurs de la chaleur : Homoithermes (animaux à température élevée, constante).

Les deux circulations sont distinctes ; les échanges vitaux s'effectuent avec une grande activité.

Poumons alvéolaires, à grande surface, retenus dans le thorax par le muscle diaphragme, lui-même muscle respiratoire ; cage thoracique spacieuse.

S'adaptent par leurs moyens d'existence et de défense très variés aux divers milieux : aussi leur distribution géographique est-elle beaucoup plus étendue. — Le Fruit (le Fœtus) utilise la chaleur maternelle pour se développer.

Mâchoires courtes, avec des espèces différentes de dents masticatrices qui déchargent l'estomac de la tâche (usage) de la trituration des aliments. Ils sont typiquement à dentition *diphyodonte* (changeant une fois de dents).

Cerveau antérieur, volumineux ; tous les organes des sens ont, dans l'écorce cérébrale, des centres hautement différenciés qui leur correspondent. Facultés intellectuelles graduellement progressives.

3 Bourrelets olfactifs, ou davantage.

Cou mobile ; 2 condyles.

Vivipares. Œufs pauvres en vitellus, ou même privés de vitellus ; le Fruit (le Fœtus) est toujours nourri par des liquides organiques fournis par la mère (mucus utérin, lait utérin (?), sérum sanguin ; plus tard, le lait).

L'allantoïde remplit seulement les fonctions de sac urinaire (chez beaucoup de Marsupiaux) ou bien, elle sert *en outre* (chez les autres Mammifères) de véhicule aux vaisseaux du placenta de l'embryon.

C'est à partir de la dernière époque du Tertiaire que les Mammifères ont pris leur plus grande extension.

Exemples

du

Stade primitif et du *Stade ultérieur* (*pro* ou *régressif*).

L'embryon se nourrit de mucus utérin. Ces Mammifères n'ont pas de rapports directs avec la paroi de l'utérus (Monotrèmes et Marsupiaux).

Encéphale petit, reptilien ; Hémisphères sans circonvolutions ; crâne mince et déprimé (Marsupiaux ; un certain nombre de Placentaires).

Persistance du cloaque (Monotrèmes ; Marsupiaux, chez lesquels, toutefois, le cloaque est très court).

Crâne au profil droit ; mâchoires et fosses nasales allongées ; narine petite.

Sinus frontal manque, ou bien est petit.

Orbite non séparée de la fosse temporale.

Apophyse zygomatique complète.

Os tympanique annulaire.

Branches de la mâchoire inférieure, à leur angle postérieur, courbées en dedans.

Diphyodontes (la plupart des Placentaires).

Membres courts.

Coracoïde grand, atteignant le sternum ; Episternum bien développé (Monotrèmes).

Une clavicule.

Deux vertèbres sacrées.

« Os marsupiaux » et « replis cutanés marsupiaux » (Implacentaires) présents.

Fémur avec un 3e trochanter.

Humérus avec un « Trou supracondylien ».

Le Central reste distinct dans le Carpe.

Phalanges unguéales bifides à leur extrémité.

L'embryon se nourrit essentiellement avec le lait utérin (?) ou le sérum du sang de la mère ; un Placenta (Placentaires).

Encéphale bien développé, avec des circonvolutions ; crâne bombé (Placentaires supérieurs).

Anus distinct de l'orifice uro-génital (Placentaires).

Crâne au profil bombé ; mâchoires courtes, narine large.

Sinus frontal spacieux.

Orbite séparée de la fosse temporale chez le singe et l'homme, par une cloison osseuse.

Apophyse zygomatique incomplète.

Os tympanique lisse, tubuleux ou vésiculeux.

Cette disposition ne se retrouve pas chez les Placentaires.

Denture définitive rudimentaire (Marsupiaux, Cétacés) ; denture temporaire rudimentaire (Insectivores et autres).

Membres allongés ou rudimentaires.

Coracoïde et Omoplate soudés ; Episternum petit, ou faisant même complètement défaut.

Pas de clavicule.

Davantage ou, au contraire, aucune.

Ces os et ces replis marsupiaux manquent (Placentaires).

Pas de 3e trochanter au fémur.

Sans Trou supracondylien.

Le Central du Carpe est soudé avec le Scaphoïde.

Phalanges unguéales non bifides.

La supériorité des Mammifères sur leurs ancêtres, les Reptiles, réside surtout : dans le *mécanisme
plus parfait de la nutrition* (adaptation spéciale aux
divers aliments) ; l'aération, et, par suite, l'oxygéna-
tion plus abondante du sang ; la chaleur propre plus
élevée, constante ; l'organisation supérieure des organes de l'odorat, de l'ouïe, de la vue et du toucher,
qui a pour conséquence le développement plus considérable des facultés intellectuelles.

Les corps des vertèbres sont généralement terminés par deux surfaces planes, et sont réunis les uns
aux autres par des disques élastiques (ligaments
intervertébraux) ; ils présentent rarement une face
antérieure convexe et une face postérieure concave,
étant, dans ce cas, directement articulés entre eux
(vertèbres cervicales des Ruminants). 7 vertèbres
cervicales (Manatus et Cholœpus Hoffmanni (Édenté)
en possèdent 6 ; Bradypus, de 8 à 9) ; les deux premières ont une forme spéciale ; ce sont l'atlas et
l'axis. Ces 7 vertèbres du cou ont des apophyses
transverses courtes, soudées avec des côtes rudimentaires avec lesquelles elles limitent un trou ; la
réunion de ces trous forme le *canal vertébral* dans
lequel passe l'artère vertébrale. Vertèbres dorsales,
au nombre de : 12 à 13, rarement de 20 ; de 2 à

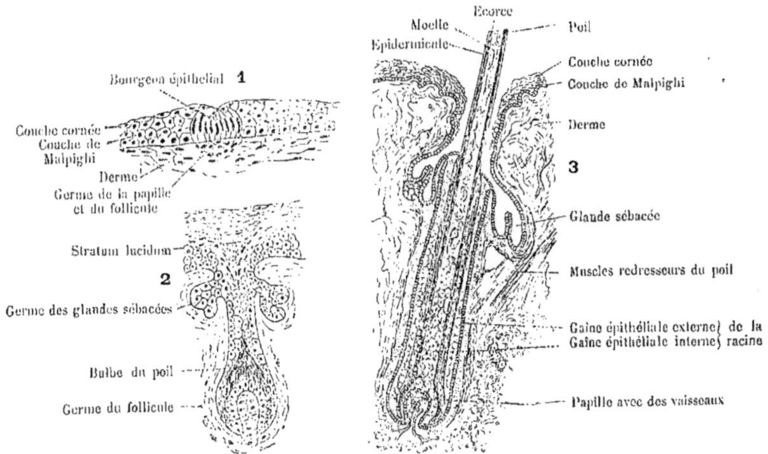

1-3. Développement du *Poil*. Figure schématique. D'après Maurer et Wiedersheim.

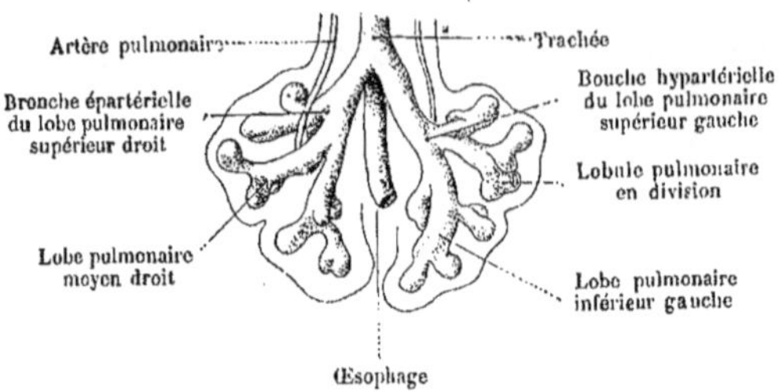

4. *Ebauche des poumons* d'un embryon humain. D'après His.

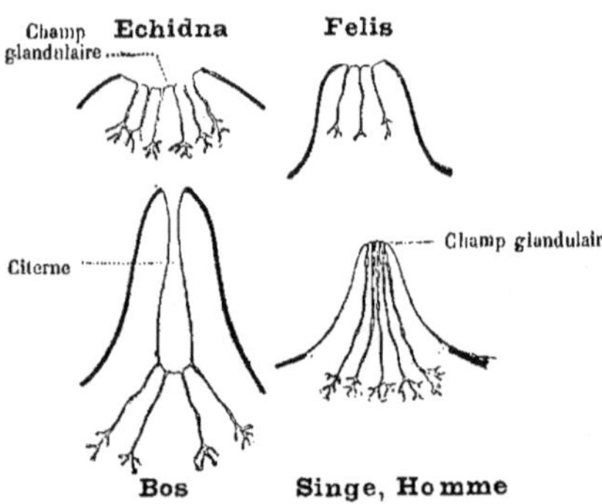

5. Schéma des transformations du Mamelon dans la série animale. D'après Klaatsch.

' Le trait épais indique la région de la peau ne faisant pas partie du champ glandulaire. Les « Mamelons primaires » (c.-à-d. des premiers Mammifères, des Monotrèmes par conséquent) sont tout d'abord de petits bourrelets épidermiques libres ; plus tard (chez les Marsupiaux, par conséquent), ils se cachent dans une poche marsupiale mammaire qui s'accroît en profondeur ; cette poche apparaît encore chez les Placentaires, mais seulement à l'état embryonnaire, sous forme de lame marsupiale ou « ligne de lait ».

9 vertèbres lombaires ; 2 vertèbres sacrées ou, même, davantage ; de 4 à 46 vertèbres caudales. — *Côtes* vraies et fausses ; les extrémités ventrales des vraies côtes s'attachent au sternum. — Chez les Monotrèmes, l'*Episternum* prend un développement considérable ; chez les autres Mammifères, cet os est devenu rudimentaire. — Deux condyles occipitaux ; la région ethmoïde du crâne est très développée ; des bourrelets olfactifs en nombre très variable. — Langue musculeuse puissante ; des lèvres et des joues mobiles. — Voile du palais et Épiglotte ; diaphragme fonctionnant comme muscle respiratoire. Ramifications de la Trachée dans les poumons lobés. — Cœur avec deux *ventricules* complètement séparés ; une crosse aortique gauche (V. page 43). — La peau est pourvue de glandes sudoripares, de poils et de glandes sébacées ; elle contient aussi des groupes de cellules tactiles ; l'abdomen présente des glandes lactifères (mammaires) qui ne sont que des glandes sébacées de la peau modifiées. — Le *rein primitif* est un organe embryonnaire. Les canaux de Müller se dilatent chez la femelle pour former l'*Utérus*. — Pendant le développement, on voit apparaître comme organes embryonnaires le sac vitellin, l'allantoïde et l'amnios, qui sont, pour ainsi dire, des souvenirs reptiliens.

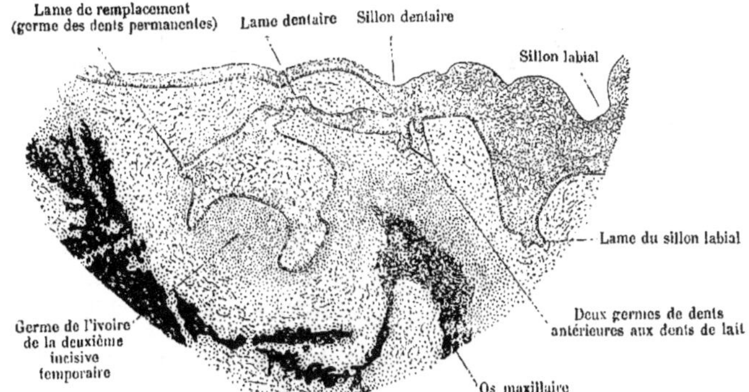

6. Coupe à travers la mâchoire inférieure gauche d'un **Fœtus humain** de 14 semaines. D'après C. Rose. — A droite, le bord externe ; à gauche, le bord interne de la mâchoire.

LA DENTURE

i : incisive ;

c : canine ;

pm : prémolaire ;

m : molaire.

Pour distinguer dans les formules dentaires la denture temporaire (système des dents de lait) de la denture permanente ou définitive, on place la lettre d devant les dents de lait.

La denture présente chez les Mammifères une très grande diversité, en raison même des régimes très différents auxquels se sont adaptés ces Vertébrés.

1. On distingue deux types essentiels de dentitions : a) la lame dentaire latérale (v. page 12) forme les jeunes *dents de lait*, ainsi que, plus tard, les *molaires* permanentes ; b) la lame linguale qui se sépare de la latérale produit, au contraire, mais plus tard, les *dents de remplacement*. On a aussi trouvé, chez les Marsupiaux et chez l'homme, des restes d'une lame dentaire antérieure à la lame des dents de lait (dents prélactaires) (6) ; on a encore pu observer chez Erinaceus et chez d'autres animaux, des germes de dents et des dents d'une « troisième dentition », nouvellement acquise.

2. La *denture temporaire* peut, à l'exception toutefois des molaires, être arrêtée dans sa croissance : les dents de lait, dans ce cas, ne percent pas la gencive (Musaraigne, Rhinolophus ; généralement aussi, les Pinnipèdes), ou bien, elles ne fonctionnent que pendant quelques semaines ou quelques mois (Insectivores, Chauves-souris, Rongeurs).

3. La *denture définitive*, elle aussi, peut être arrêtée dans son évolution, et les dents de la première dentition (« dents de lait ») fonctionnent pendant toute la vie. La prémolaire postérieure et la 3e incisive de la deuxième dentition peuvent cependant plus tard, chez les Marsupiaux, arriver à percer la gencive, tandis que la denture définitive tout entière subit une dégénération, une régression chez les Cétacés du groupe des Cétodontes.

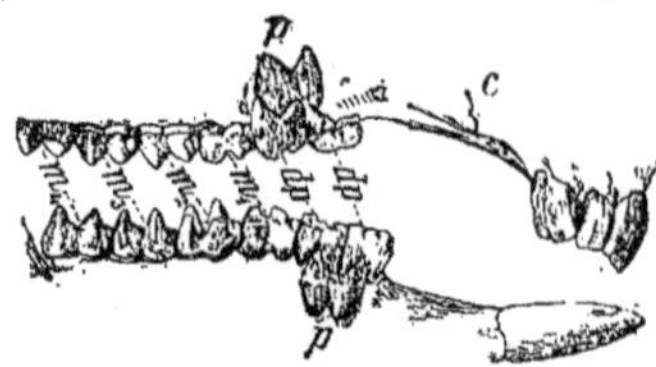

7. Denture du **Kanguroo** (Halmaturus).
c, Canine rudimentaire du Maxillaire supérieur.
p, *L'unique dent de la deuxième dentition,*
qui, ou bien s'ajoute à la denture temporaire : $\dfrac{3.1.2.4.}{1.0.2.4.}$
ou bien remplace une dent de lait prémolaire.

Mammifères.

4. *Tous les germes dentaires* disparaissent déjà pendant la vie embryonnaire : Monotrèmes, quelques Edentés ; chez ces animaux, le canal digestif supplée à l'absence des dents, par une fonction (digestion) plus puissante.

L'unique série de dents des *premiers* Mammifères correspond à la denture temporaire (système des dents de lait) : les racines conservaient bien ouvert leur large orifice (orifice de la cavité dentaire renfermant la pulpe). Durant le cours du développement du type Mammifère, les racines des dents se sont cependant presque entièrement fermées, pour se retransformer peu à peu chez les Rongeurs et les Graminivores en « racines ouvertes ». Les dents qui possèdent ces dernières racines sont dites : « dents sans racine », c'est-à-dire, à croissance continue : elles sont dépourvues de cément.

a. La forme primitive type est la dent *protodonte,* simplement conique, à accroissement continu, avec un très grand orifice à l'extrémité de sa racine : Mammifères mésozoïques.

b. L'apparition d'un tubercule antérieur et d'un tubercule postérieur, situé avec le tubercule médian sur le même alignement, transforme la dent en dent *triconodonte* (par exemple, chez Dromotherium, Amphilestes).

c. Le déplacement de ces 3 tubercules aux 3 sommets d'un triangle aboutit à la dent *trituberculeuse,* forme originaire des Molaires des Mammifères.

d. La réunion des tubercules entre eux donne la dent *selenodonte* ;

e. Si, au contraire, il se forme d'autres tubercules accessoires, on a affaire à la dent *bunodonte.*

f. Chez les vrais Herbivores, les tubercules des larges couronnes sont en forme de **V** (ex. : Mastodonte) ; ils peuvent se mettre en contact l'un avec l'autre, ou bien, encore, se réunir deux à deux et former des crêtes transversales (ex. : Eléphant) ; la couronne est alors dite : *lophodonte.*

Les dents de la rangée supérieure et celles de la rangée inférieure sont généralement semblables entre elles ; toutefois, ces dernières sont moins fortes et sont disposées comme si elles avaient subi vis-à-vis des dents supérieures une rotation de 180°.

Tandis que les incisives des deux mâchoires se correspondent exactement, les canines et les molaires supérieures alternent, au contraire, avec les mêmes dents inférieures.

L'alimentation de l'embryon.

Voici quels sont les différents liquides nutritifs qui président à l'alimentation de l'embryon des Mammifères :

1. Le *mucus utérin* (sécrétion des glandes utérines) : c'est le seul aliment qu'aient à leur disposition les embryons des *Monotrèmes* et des *Marsupiaux* ; il est, cependant, chez les autres Mammifères, également utilisé, du moins au début, par les œufs.

2. Le *lait utérin* (Mucus utérin mélangé à des globules blancs, à des cellules détachées des tissus utérins et à des éléments cristallins) : cas des *Adéciduates*.

3. Le *sérum sanguin* qui diffuse dans les vaisseaux des villosités choriales embryonnaires, une fois que le chorion et la paroi utérine se sont intimement soudés. *Deciduates.*

4. Après sa naissance, le jeune Mammifère emprunte toujours sa nourriture aux *glandes mammaires* qui sécrètent le lait.

———

L'*embryon*, de son côté, peut recevoir de plusieurs manières sa nourriture de l'utérus :

A. **Ovipares.** *Monotrèmes. Echidna* (2) : L'œuf mesure 4 mm. : il contient une grande quantité de vitellus nutritif, et est pourvu d'une coque (kératine). L'amnios présente un canal amniotique persistant (comme chez les Ruminants). L'allantoïde et la vésicule ombilicale (à gauche) sont d'égale taille, et très riches en vaisseaux sanguins. L'œuf n'est pas solidement maintenu dans l'utérus ; au moment où il est pondu, il mesure de 16 à 18 mm.

B. Pendant la gestation, la paroi utérine s'hypertrophie, *sans pour cela que la muqueuse se soude avec le chorion de l'œuf* ; elle ne fait que se mettre simplement en contact avec lui.

    a. La *vésicule ombilicale* se colle à la membrane de l'œuf (= Chorion), et il se forme ainsi un « Omphalochorion » très vasculaire qui préside exclusivement ou presque exclusivement à l'excrétion urinaire et à l'expulsion des gaz de combustion, ainsi qu'à l'apport d'aliments et d'oxygène. L'allantoïde reste pauvre en vaisseaux et ne joue qu'un faible rôle (et encore pas toujours) dans la nutrition. Le chorion ne présente pas de villosités : **Marsupiaux** (3 et 10).

    b. L'*allantoïde* vascularise le chorion entier, qui forme des villosités : *Adécidués.*

        1. L'allantochorion, qui a ainsi pris naissance, peut porter, sur toute sa surface, uniquement des replis et des touffes de villosités, ou bien simples (Porc), ou bien petits, ramifiés et très denses (Cheval) : **Placenta diffus** (4 et 11).

        2. Cet allantochorion pousse quelquefois aussi, et en certaines régions seulement, des groupes de villosités ou *Cotylédons*, qui s'enfoncent entre des caroncules (cotylédons maternels) (*Ruminants*). L'ensemble de ces Placentas est désigné par le terme générique de **Placenta multiplex** (7 et 13), ou cotylédonaire.

C. **Placentaires décidués.** Le chorion de l'œuf se soude d'une manière si intime avec une partie de l'utérus privée de l'épithélium, qu'il entraîne avec lui une partie de cette dernière au moment de la naissance ; le sang de la mère baigne les villosités choriales : quant à l'allantoïde, elle peut présenter des variations dans ses rapports avec le chorion.

    a. Elle s'applique seulement sur un segment de la sphère choriale et vascularise en ce point un ensemble de villosités *qui a la forme d'un disque*, **Placenta discoïde**, avec lequel la muqueuse utérine ne fait qu'un en quelque sorte (*Insectivores*, beaucoup de *Rongeurs*, *Singes de l'Amérique*, etc.) (16).

    b. Il se forme *deux* placentas opposés : **Placenta bidiscoïde** (*Singes pourvus d'une queue, de l'ancien monde*, 19 et 21).

    c. L'allantoïde vascularise une région du chorion ramifiée, portant des villosités et ayant la forme d'une ceinture, tandis que les deux pôles de l'œuf restent lisses : **Placenta zonaire** (*Carnivores*), 17 et 18).

    d. Certains œufs de Mammifères, à **Placenta discoïde**, peu de temps après leur union avec la muqueuse utérine, sont *enveloppés* par des tissus utérins (Membrana *decidua reflexa, seu capsularis, caduque réfléchie*, fig. 22-23) qui les *enkystent* (*Singes anthropoïdes ; Homme ;* quelques *Insectivores* et *Rongeurs*). Cet enkystement s'accompagne souvent de la modification suivante : le *disque* germinatif, notamment lorsque déjà l'œuf pendant la gastrulation, se soude avec l'utérus, s'invagine dans l'intérieur de l'œuf, et subit un *retournement ou retroussement des feuillets germinatifs*, le feuillet externe devenant interne et le feuillet interne, externe (*Inversion des feuillets* chez quelques Insectivores, Rongeurs et Cheiroptères, peut-être aussi de l'Homme) ; cet intéressant phénomène n'est, d'ailleurs, que temporaire ; bientôt après, en effet, se produit une extension qui a pour conséquence de compenser ce retournement.

Mammifères.

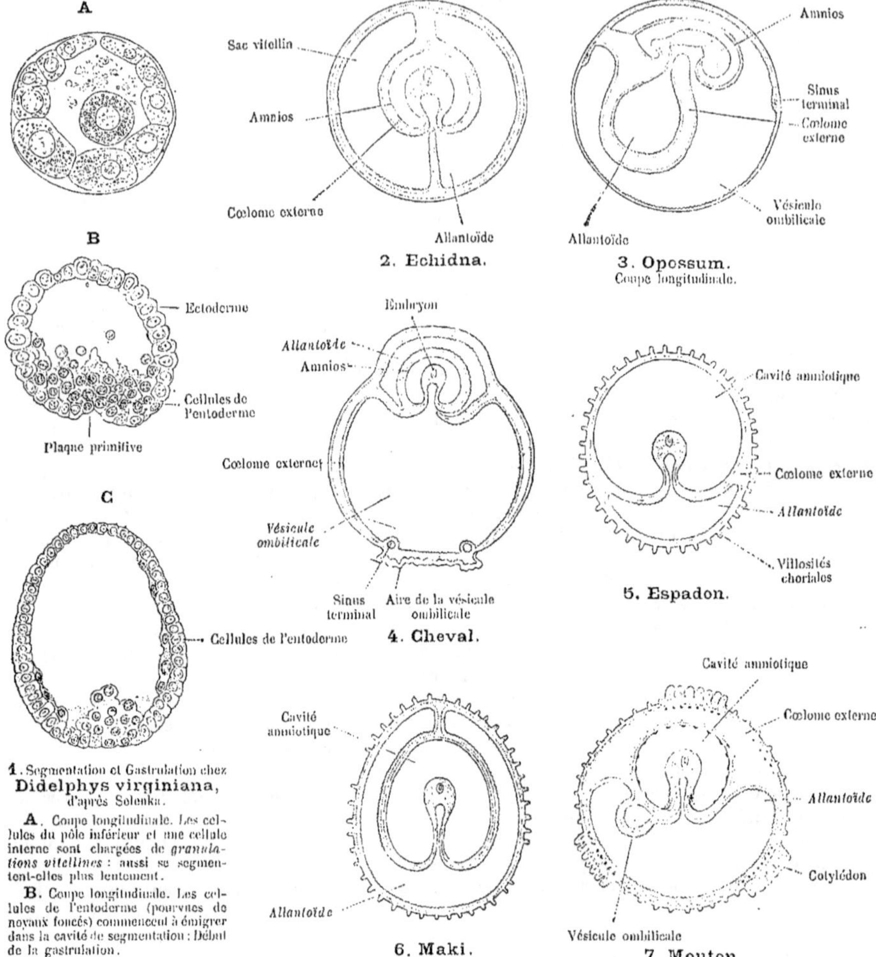

1. Segmentation et Gastrulation chez **Didelphys virginiana,** d'après Selenka.

A. Coupe longitudinale. Les cellules du pôle inférieur et une cellule interne sont chargées de *granulations vitellines* : aussi se segmentent-elles plus lentement.

B. Coupe longitudinale. Les cellules de l'entoderme (pourvues de noyaux foncés) commencent à émigrer dans la cavité de segmentation : Début de la gastrulation.

C. Coupe longitudinale. Les cellules de l'entoderme commencent à tapisser en dedans l'enveloppe ectodermique.

2-7. Coupes transversales schématiques d'embryons pourvus de leurs enveloppes. Le simple trait = l'ectoderme ; la ligne ondulée = l'entoderme ; la ligne ponctuée = le mésoderme. D'après les figures composées par O. Schultze.

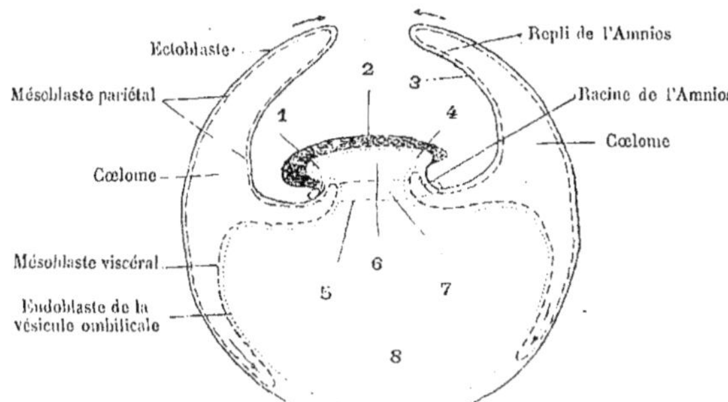

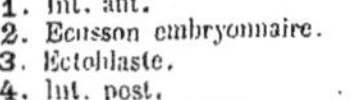

1. Int. ant.
2. Écusson embryonnaire.
3. Ectoblaste.
4. Int. post.
5. Anneau ombilical.
6. Gouttière intestinale.
7. Pédicule de la vésicule ombilicale.
8. Vésicule ombilicale.

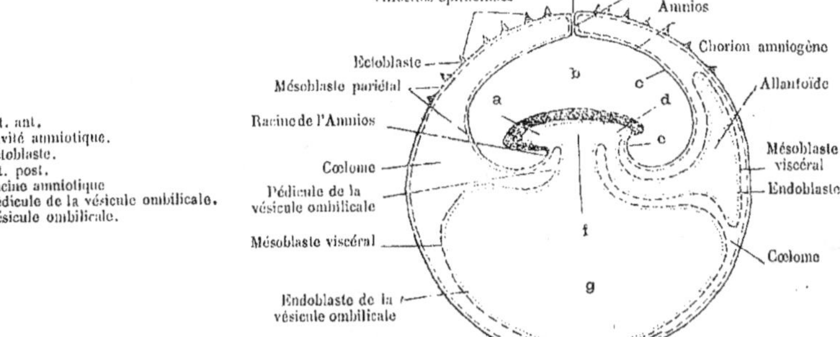

a. Int. ant.
b. Cavité amniotique.
c. Ectoblaste.
d. Int. post.
e. Racine amniotique.
f. Pédicule de la vésicule ombilicale.
g. Vésicule ombilicale.

8-9. Schémas de la **formation de l'Amnios**
chez les Mammifères. Dans Bonnet.

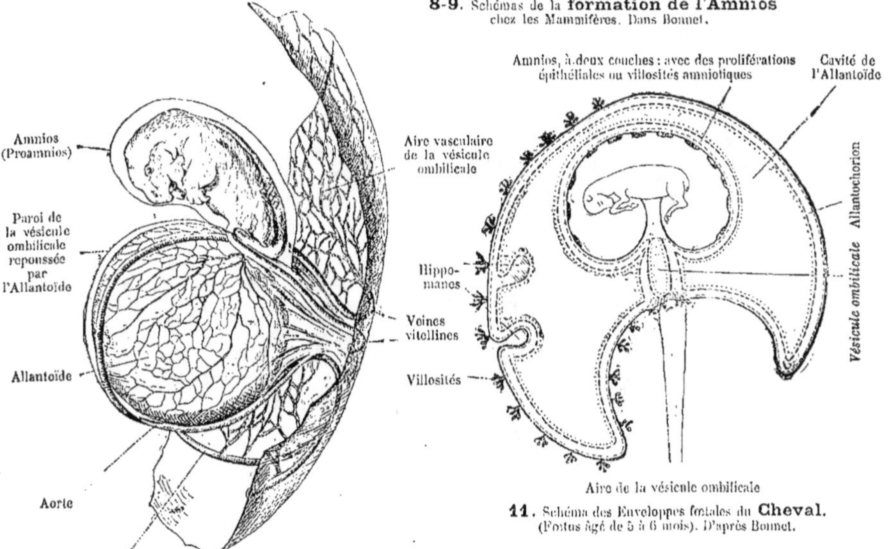

10. Embryon de **Didelphys virginiana.**
La plus grande partie du chorion est enlevée. V. fig. 3.
D'après Selenka.

11. Schéma des Enveloppes fœtales du **Cheval.**
(Fœtus âgé de 5 à 6 mois). D'après Bonnet.

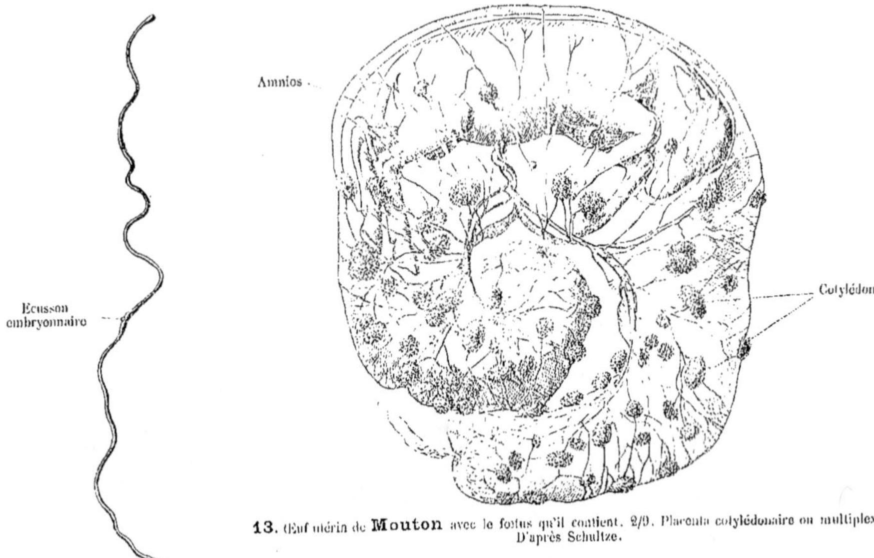

13. Œuf utérin de **Mouton** avec le fœtus qu'il contient. 2/9. Placenta cotylédonaire ou multiplex. D'après Schultze.

12. Gastrula du **Mouton**.
12 jours et 2 h. 1/4 après l'accouplement. (Quart de la grandeur naturelle). D'après Bonnet.

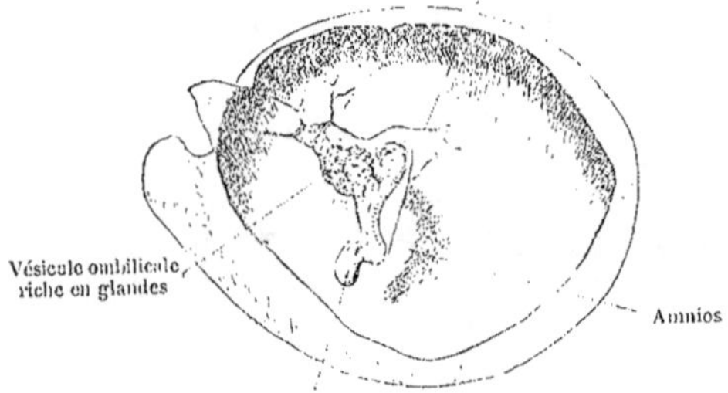

14. Œuf utérin de **Tragulus javanicus**, Ruminant, 5/2. D'après Selenka.
Pour bien montrer l'embryon, on a dû enlever un grand fragment du Chorion.

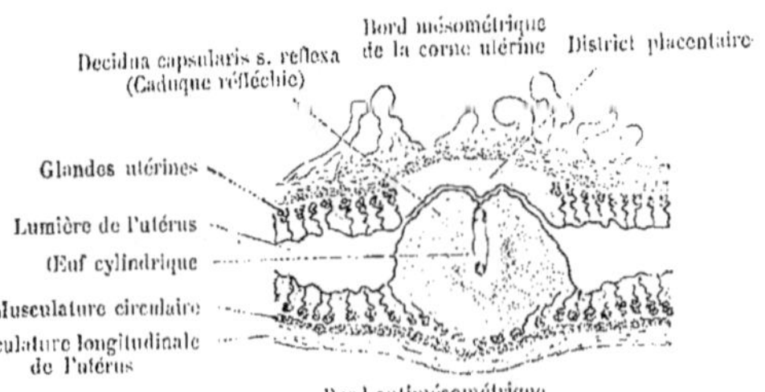

15. Coupe longitudinale axiale d'un renflement utérin de **Cobaye** (Cavia cobaya), au 9e jour de la gestation. D'après Duval.

16. Schéma des membranes fœtales du **Lapin.** Entre '—', au-dessous des deux coupes transversales du Sinus terminal, est située la grande aire de la vésicule ombilicale (Omphalochorion) qui s'étend presque jusqu'à l'équateur de l'œuf. Au-dessus de la coupe transversale du Sinus terminal, se trouve la zone marginale formée uniquement par le chorion amniogène. D'après Bonnet.

- **a.** Cavité de l'Allantoïde.
- **b.** Amnios.
- **c.** Pédicule de la vésicule ombilicale.
- **d.** Cavité de la vésicule ombilicale.
- **e.** Cœlome.

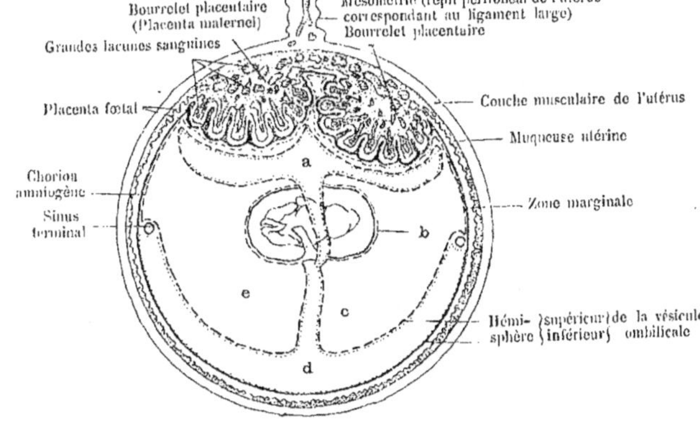

17. Coupe transversale d'un **Œuf de Chien.** Schéma d'après Bischoff et Bonnet. (V. fig. 18). On n'a pas représenté les tissus utérins.

1. Cavité amniotique.
2. Gouttière intestinale.
3. Pédicule de la vésicule ombilicale.
4. Vésicule ombilicale.
5. Allantoïde.

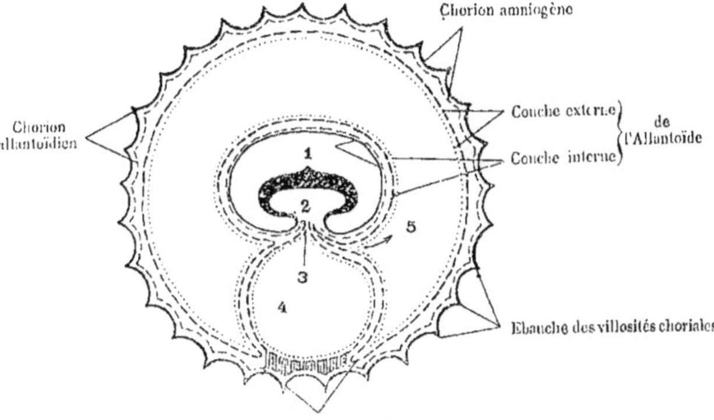

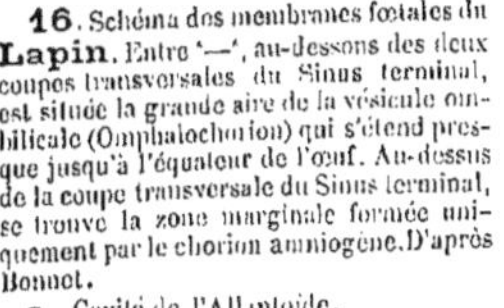

18. Œuf utérin du **Chat,** environ à la 3e semaine de la gestation. Le placenta zonaire laisse libres les extrémités de l'œuf. D'après Bonnet.

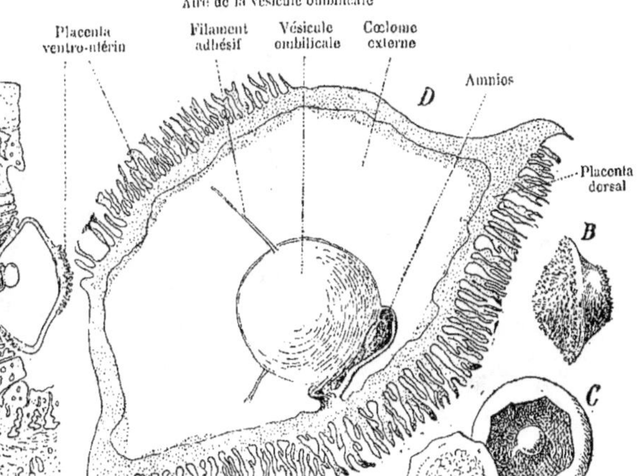

19. Œuf utérin du Singe de Java, **Cercocebus cynomolgus** ; d'après Selenka.

A. Coupe transversale d'une moitié de l'utérus ; l'œuf (D) est représenté in situ. La moitié ventrale de l'utérus à laquelle adhérait le placenta ventral de l'œuf n'est pas dessinée. 2/1.
B. L'œuf utérin, détaché de l'utérus ; vue de profil.
C. Le même, ouvert ; on voit dans son intérieur le sac vitellin de l'embryon.
D. Coupe longitudinale de l'œuf avec l'embryon. 5/1. Le canal postérieur coudé (blanc) de l'embryon est le canal de l'allantoïde.

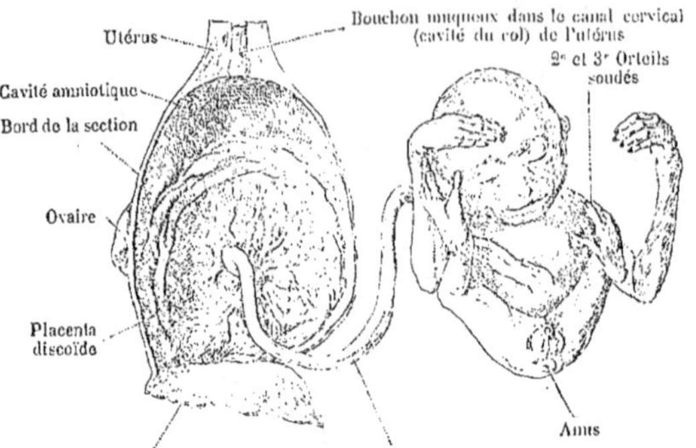

20. Siamanga syndactylus, de Sumatra ; d'après Selenka.
1/2. L'utérus est ouvert et l'embryon en a été extrait.

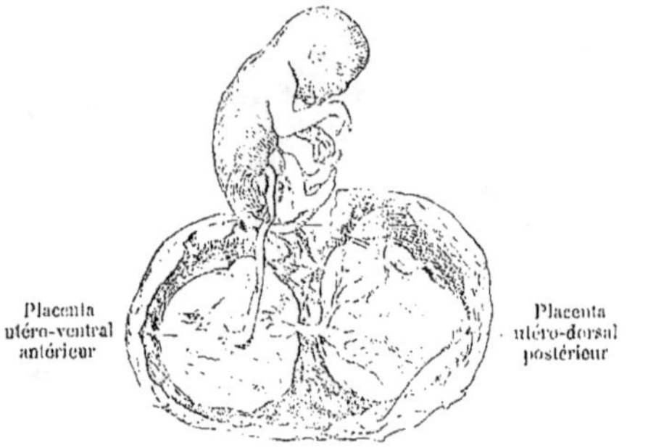

21. Semnopithecus maurus, Java : Utérus ouvert, avec le fœtus qui en a été extrait. 1/3 de la grandeur naturelle. D'après Selenka.

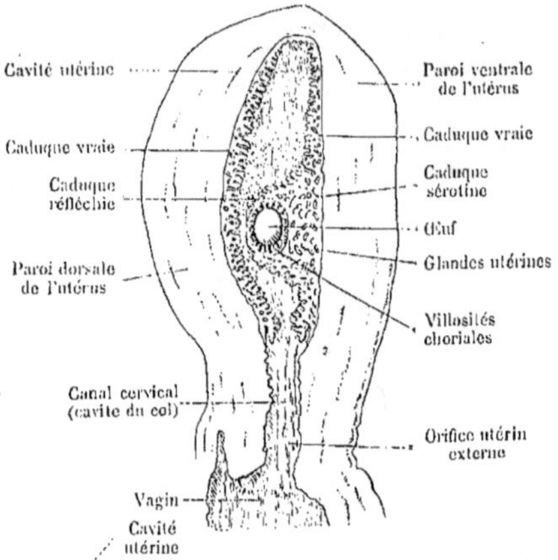

22. Coupe longitudinale de l'utérus gravide de la **Femme**, au 13ᵉ jour de la gestation ; moitié environ de la grandeur naturelle. D'après Kollmann.

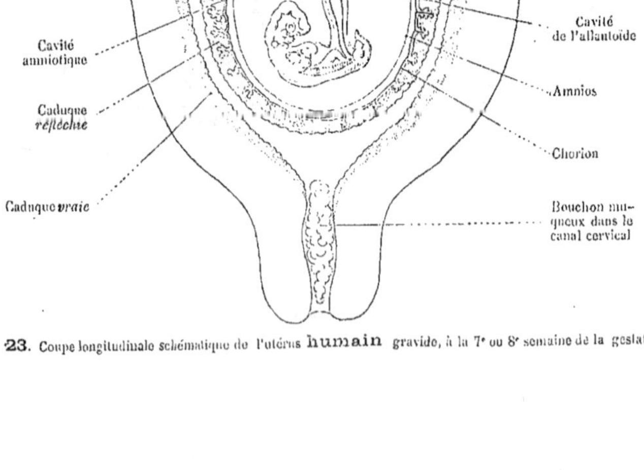

23. Coupe longitudinale schématique de l'utérus **humain** gravide, à la 7ᵉ ou 8ᵉ semaine de la gestation.

1. MONOTRÈMES.

Ovipares. Un *cloaque* (caractère reptilien). — Côtes cervicales bien développées ; un grand Episternum. Os marsupiaux, au-dessus du pubis. Température du corps : 25°-28° C. Pas encore de *mamelons* saillants. **Ornithorhynchusparadoxus** (3). Bec de canard large et aplati ; dents cornées. — Australie orientale et Tasmanie.

Echidna hystrix (1, 2 ; page 98, 2). Bouche petite ; langue longue et protractile. Une poche incubatrice dans laquelle les embryons achèvent leur développement. — Nouvelle Guinée, Australie, Tasmanie.

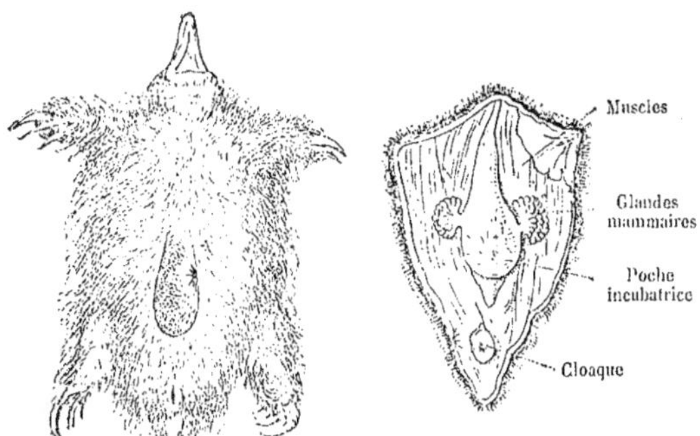

1. Face inférieure de la femelle pendant l'incubation. Dans la poche incubatrice se déverse le lait. 1/5.

2. Face interne de la paroi abdominale.

Echidna hystrix, femelle. D'après Haacke.

3. Ceinture thoracique de l'**Ornithorhynchus paradoxus.**

2. ALLOTHERIA.

Multituberculata.

Du Trias au Tertiaire inférieur. Petits Mammifères herbivores ou omnivores, pourvus d'une denture fortement spécialisée : *Molaires à nombreux tubercules* ; ces derniers, *disposés sur 2 à 3 rangées longitudinales*. Prémolaires à structure semblable, ou bien, au contraire, tranchantes ; Incisives puissantes, rappelant celles des Rongeurs. Pas de canines inférieures. Coracoïde indépendant.

Tritylodon (4), de la taille du lapin. Trias du Sud de l'Afrique. — **Microlestes.** — **Polymastodon** (5), Eocène inférieur de l'Amérique du Nord. — **Cimolomys** (6) du Crétacé. -- **Neoplagiaulax** (7).

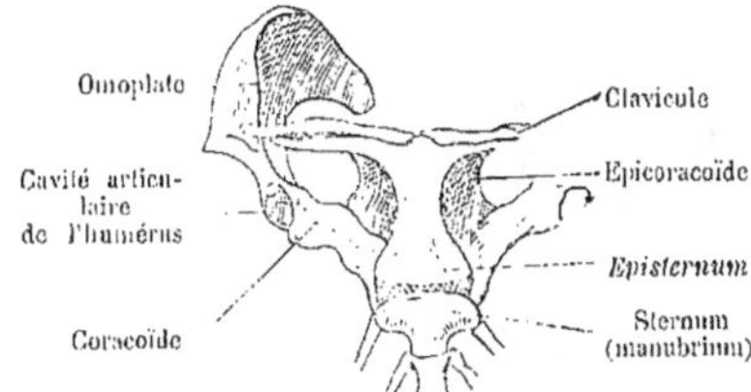

7. Neoplagiaulax eocaenus, environ 1/1. Eocène inférieur 1.0.1,2.

6. Cimolomys, 4/3. Crétacé supérieur. Une molaire supérieure.

4. Tritylodon longaevus, 2/3. Trias du sud de l'Afrique. Crâne vu en dessous.
2.0.2,4.

5. Polymastodon, environ 1/3. Eocène inférieur de New-Mexico. Mâch. inf^{re} droite, vue en dessus. N. B. La molaire antérieure du maxillaire *supérieur* portait 3 rangées de tubercules.
? 0. ? 2 / 1. 0. 1, 2

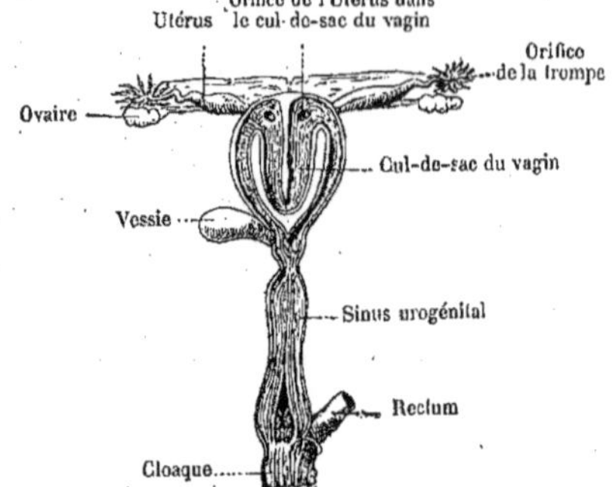

8. Appareil génital femelle d'une jeune **Didelphys dorsigera**. D'après Brass.

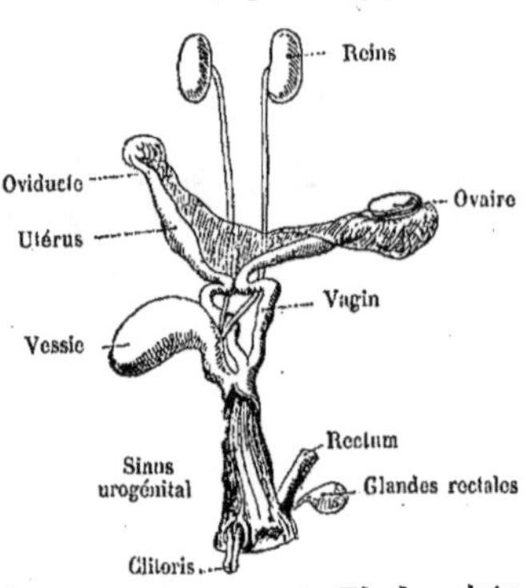

9. Appareil urogénital femelle de **Phalangista vulpina**. D'après Brass.

10. Hypsiprymnus cuniculus, venant de naître. 2/1. Les organes du tact sont les seuls organes des sens qui fonctionnent ; les reins primitifs sont encore en pleine activité. D'après Selenka.

3. MARSUPIAUX
(Didelphes, Implacentaires).

Après 8 jours environ de vie intra-utérine, les jeunes naissent, mais, incapables encore de se suffire à eux-mêmes, ils séjournent pendant des mois entiers dans la « poche marsupiale » qui contient jusqu'à 15 paires de mamelons. — La dentition de lait persiste ; seules, une prémolaire et quelquefois même une incisive externe sont remplacées par des « dents définitives » ; les germes des autres dents de remplacement s'atrophient. L'angle postérieur de la mâchoire inférieure est recourbé en dedans. Le coracoïde est soudé avec l'omoplate, constituant ainsi une apophyse coracoïdienne. — 1 à 2 vertèbres sacrées. — Encéphale, petit. — Tous les Marsupiaux actuels vivent en Australie ; le genre Didelphys seul fait exception : on le rencontre en Amérique.

Polyprotodontes ; ils sont carnivores et insectivores, et possèdent une denture complète ; i $\frac{4-5}{3-4}$; canines pointues, quelquefois à deux racines ; molaires au nombre de 6 à 12.

Dromatherium, du Trias de l'Amérique du Nord (groupe des Protodontes).

Phascolotherium, de la grande Oolithe d'Angleterre. On n'en connaît que la mâchoire inférieure (groupe des Triconodontes).

Sous le nom de *Trituberculata*, on distingue les formes suivantes, dont certaines sont actuelles. — **Amphitherium** ; 12 Molaires. Du Jurassique au Crétacé d'Angleterre. — **Myrmecobius**, au museau long et pointu ; actuel, $\frac{4.1.3,5-6}{3.1.3,5-6}$. **Perameles**, au genre de vie du blaireau ; $\frac{4-5,1,3,4}{3,1,3,4}$; **Dasyurus**, ayant les mœurs des martres $\frac{4,1,2,4}{3,1,2,4}$; tous les trois vivent en Australie. — **Didelphys**, Sarigues d'Amérique (p. 99 ; p. 98, 1 et 3) ; $\frac{5,1,3,4}{4,1,3,4}$.

Diprotodontes. Herbivores : i $\frac{3-1}{1}$; les canines font défaut, ou sont peu développées. *On ne les rencontre qu'en Australie*. Certaines formes fossiles atteignent une taille considérable. **Hypsiprymnus**, Kangourou rat, $\frac{3.1.1.4}{1.0.1,4}$. — **Phalangista**. — **Macropodius** (Halmaturus), Kangourou. — **Diprotodon** $\frac{3.0.1,4}{1.0.1,4}$, fossile du Pleistocène d'Australie (105). — **Phascolomys wombat** ; rappelle un Rongeur ; Incisives revêtues d'émail uniquement sur leur face externe $\frac{1.0.1,4}{1.0.1,4}$; la prémolaire n'est pas chassée par une dent de remplacement.

4. PLACENTAIRES.

Développement embryonnaire avec Placenta.

A. *Sarcothériens* (carnivores). Doigts armés de griffes. Denture complète ; les couronnes sont recouvertes d'émail ; les incisives et les molaires ont des racines « fermées » (à développement limité) — la plupart d'entre eux sont carnivores. — Formule dentaire primitive : $\frac{3.1.4.3\ (4)}{3.1.4.3\ (4)}$, par conséquent 32 dents de lait. — Placenta avec une caduque.

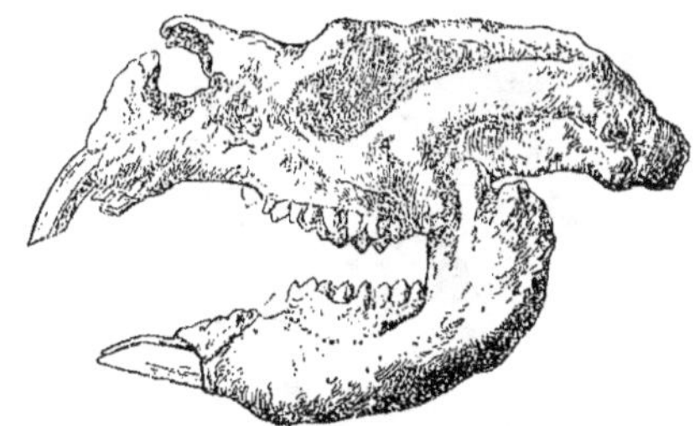

11. Diprotodon australis. 1/15 de la grandeur naturelle. Pleistocène d'Australie. D'après Owen.

1. Insectivores.

Ils appartiennent aux formes primitives des Vertébrés, et présentent encore des caractères, témoins de leur ancienneté : corps de petite taille ; face allongée, narines petites ; os de la pommette (os malaire) peut manquer, ou bien est faiblement développé ; le palatin possède des cellules comme celui des Marsupiaux ; les clavicules sont généralement très grandes ; les incisives, de forme conique, sont le plus souvent absentes ; les canines sont d'ordinaire, petites ; les molaires portent des tubercules pointus, et se ressemblent entre elles ; encéphale petit et lisse. — Les dents de remplacement apparaissent presque toujours avant la naissance. De nombreuses espèces vivent de nos jours ; on n'en rencontre pas dans l'Amérique du Sud. Placenta discoïde.

Ictops $\frac{3.1.4.3}{2.1.4.3}$, Amérique du Nord ; **Adapisorex**, Europe ; les deux ont été trouvés dans l'Éocène inférieur. — **Talpa europaea**, Taupe, $\frac{3.1.4.3}{3.1.4.3}$. — **Sorex**, Musaraigne. — **Erinaceus europaeus**, Hérisson, $\frac{3.1.3.3}{2.1.2.3}$.

2. Chiroptères, Chauves-souris.

Branche collatérale des Insectivores. Mammifères volants à la main allongée dont les doigts sont réunis par une membrane cutanée ; le pouce seul est court et armé d'une griffe. Denture de lait résorbée avant la naissance. Canine puissante ; molaires pourvues de tubercules pointus chez les Chiroptères *insectivores* et mousses chez les *frugivores*. Clavicule très développée. Encéphale petit et lisse. Placenta discoïde. On en trouve des restes fossiles à partir de l'Oligocène.

Vespertilio murinus, Chauve-souris, commune, $\frac{2.1.3.3}{3.1.3.3}$, Eurasie et Nord de l'Afrique. — **Pteropus edulis**, Roussette, $\frac{2.1.3.2}{2.1.3.3}$; frugivore. Inde.

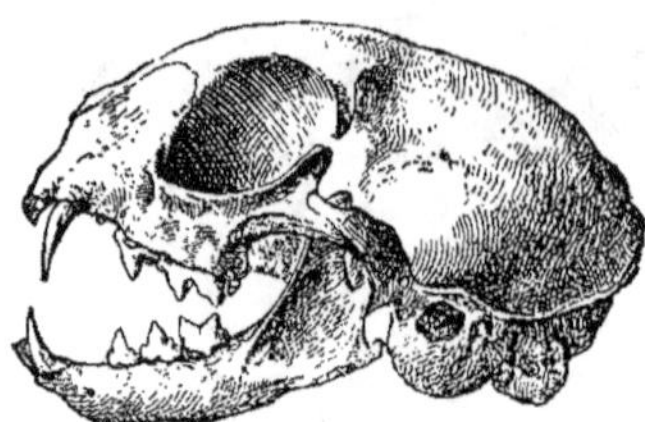

12. Felis catus ferus. 1/2.
D'après Selenka.

3. **Créodontes**, Carnivores primitifs.

Ce sont des carnivores, aujourd'hui éteints, qui ont vécu pendant l'Eocène et même l'Oligocène. Leur encéphale, petit et pauvre en circonvolutions, leurs molaires et leur aspect général tout entier portent encore l'empreinte des Marsupiaux carnivores. — Denture de lait, complète ; denture définitive, originelle $\frac{3.1.4,3}{3.1.4,3}$. — **Mesonyx**, Eocène de l'Amérique du Nord. **Hyaenodon**, Oligocène de l'Europe et de l'Amérique du Nord. Leurs descendants sont les *Carnivores*.

4. **Carnivores**.

Se nourrissent de chair, ou même sont omnivores, et possèdent un cerveau bien développé montrant des circonvolutions. Denture complète, avec renouvellement des dents. I $\frac{3}{3}$; C. grandes ; Pr. pointue et tranchante ; la prémolaire postérieure d'en haut et la molaire antérieure d'en bas se sont transformées en *carnassières* puissantes. Membres terminés par 5 ou 4 doigts mobiles, armés de griffes. Clavicule, peu développée, manque souvent. Trois vertèbres sacrées. — Utérus bicorne ; placenta zonaire.

Canis familiaris, denture de lait d $\frac{3.1.3}{3.1.3}$; denture définitive $\frac{3.1.4.2}{3.1.4.3}$. — **Viverra**, $\frac{3.1.4.2}{3.1.4.2}$. — **Ursus** P $\frac{4-3}{4-3}$, M $\frac{2}{3-2}$; Carnassière plate. — **Mustela martes**, Marte. — **Hyaena** P $\frac{4}{3}$, M $\frac{1}{1}$. — **Felis**, P $\frac{3}{2}$, M $\frac{1}{1}$.

5. **Pinnipèdes**, Phoques.

Mammifères marins se nourrissant de poissons ; pieds transformés en nageoires. Cerveau bien développé, et montrant de nombreuses circonvolutions. I $\frac{3-2}{2-1}$, petites et tombant, souvent, de bonne heure ; canines très puissantes ; molaires, toutes semblables. Le renouvellement des dents s'effectue souvent pendant la vie embryonnaire. Ils datent du Miocène.

Phoca vitulina, Chien de mer, $\frac{3.1.4.1}{2.1.4.1}$; Mers du Nord. — **Trichecus rosmarus**, Morse. Denture du jeune : $\frac{2.1.5}{2.1.4}$; denture de l'adulte, généralement : $\frac{1.1.3.0}{0.1.3.0}$; canines supérieures excessivement développées.

B. **Mammifères marins**. Nageurs. Corps pisciforme ; membres antérieurs transformés en nageoires ; pas de membres postérieurs. La « denture définitive » ne se développe pas ; il en est quelquefois de même de la « denture temporaire ». Les os du crâne sont imbriqués les uns sur les autres, comme chez les Poissons osseux.

6. Cétacés.

Mammifères aquatiques dont le corps n'est pas revêtu de poils ; ayant l'aspect de poissons avec un corps cylindrique. Les membres antérieurs ont l'aspect de rames ; les membres postérieurs font défaut. Nageoire caudale horizontale, non soutenue par des pièces squelettiques rayonnées. Un dépôt de graisse dans le tissu conjonctif sous-cutané s'oppose aux déperditions de chaleur. Les deux glandes mammaires sont situées dans la région inguinale. La vaste caisse du tympan entoure le labyrinthe. Souvent, des réseaux admirables.

Les Cétacés ont pour ancêtres des Mammifères terrestres, probablement des Sarcothériens ; c'est ce que tendraient à prouver les caractères fournis par la Denture et le Crâne des Zeuglodontes. — Des Cétacés fossiles ont été trouvés déjà dans l'Éocène.

Zeuglodontes. Denture $\frac{3.4.5-8}{3.4.5-8}$. On a observé chez eux des dents de lait et des dents de remplacement. — **Zeuglodon** (14). — Un genre insuffisamment connu est le **Squalodon**, pourvu d'une denture différenciée.

Delphinides : Maxillaires supérieur et inférieur portant de nombreuses dents coniques ; l'intermaxillaire est privé de dents. — **Globicephalus** (13). **Delphinus** ; Dents : $\frac{50-60}{50-60}$ **D. delphis**, Dauphin commun. **Physeter**, grand cachalot, dans toutes les mers.

Balaenides. La mâchoire supérieure présente chez l'embryon des germes dentaires qui s'atrophient avant la naissance ; chez le jeune et l'adulte, elle porte des lamelles cornées, des *fanons* (15). **Balaena mysticetus**, Baleine boréale ou franche.

7. Sirénides. Lamantins.

Herbivores, parents des Ongulés ; à peau épaisse, recouverte d'un petit nombre de soies ; membres antérieurs transformés en nageoires ; une nageoire caudale horizontale. Pas de membres postérieurs. Vertèbres cervicales courtes ; il n'en existe que six chez le Manatus. Molaires pourvues d'une large couronne. Osselets (de l'oreille) atteignant une très grande taille. — **Manatus. Halicore dugong. Rhytina Stelleri**, Stellère, du détroit de Behring ; sans dents ; vivait encore au siècle dernier, aujourd'hui éteint.

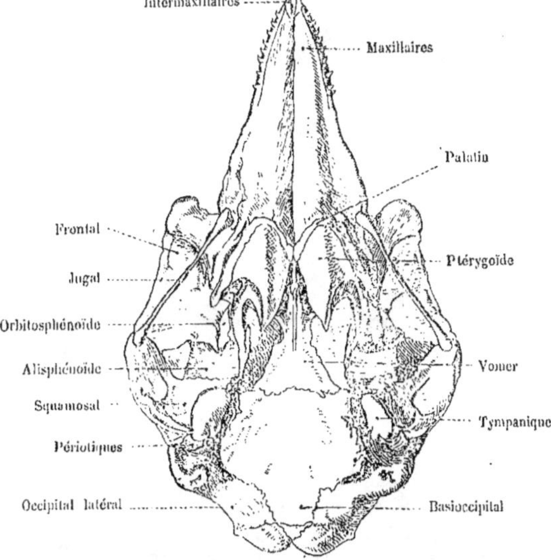

13. Globicephalus melas, crâne vu en dessous. 1/7. D'adrès Flower. Les os du crâne sont en partie imbriqués, comme chez les poissons osseux.

14. Zeuglodon cetoïdes. Crâne vu de profil. Éocène d'Alabama. 1/13. Formule dentaire : $\frac{3.4.5}{3.4.5}$.

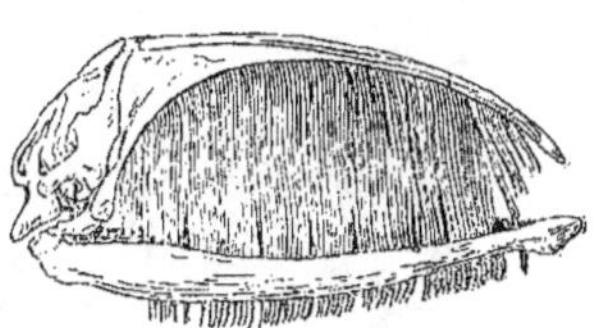

15. Crâne de **Balaena mysticetus**, avec les fanons.

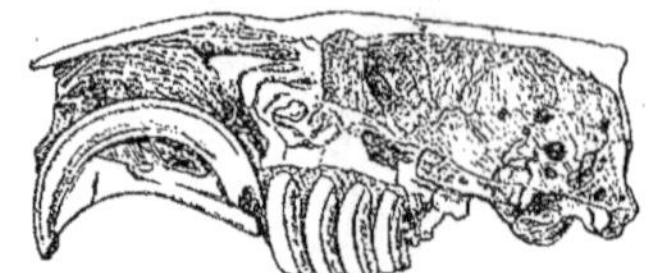

16. Moitié droite d'un crâne de **Castor** ; face interne. On voit le mode d'implantation des dents qui sont dépourvues de racines.

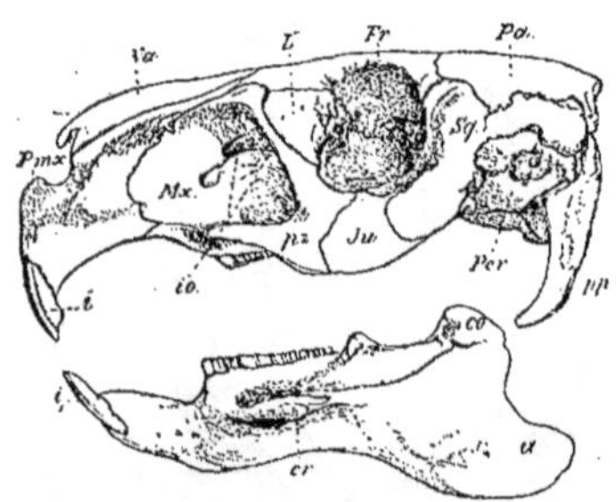

17. **Hydrochœrus capybara**. D'après Flower.

a Angulaire. *co* Condyle. *cr* « Crête d'insertion du Masséter » de la mâchoire inférieure. *Fr* Frontal. *i* Incisive supérieure. *i¹* Incisive inférieure. *io* Canal sous-orbitaire. *Ju* Os malaire. *L* Lacrymal. *Mx* Maxillaire supérieur. *Na* Nasal. *Pa* Pariétal. *Per* Périotique. *Pmx* Intermaxillaire. *pp* Processus paroccipitalis. *pz* Apophyse zygomatique du maxillaire. *Sq* Temporal.

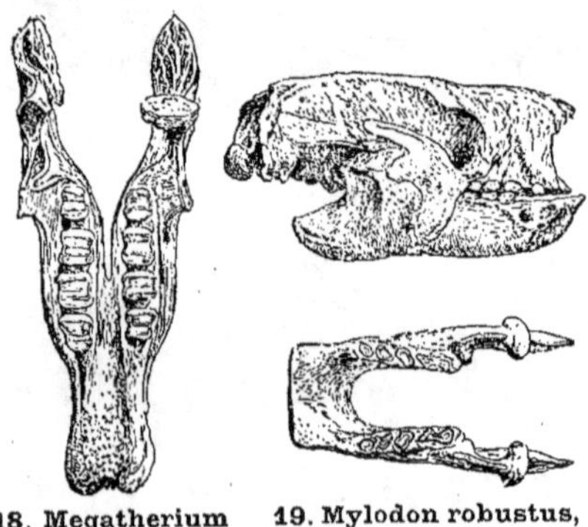

18. **Megatherium americanum**, 1/24. Pleistocène (Formation des Pampas) République Argentine. Mâchoire inférieure.

19. **Mylodon robustus**, 1/2. Formation des Pampas (Pleistocène) de Buenos-Ayres. Dans v. Zittel.

C. *Aganodontes*. La plupart, phytophages. Quelques dents, ou même toutes les dents sont dépourvues de racines (dents à croissance continue); leur « cavité pulpaire » reste ouverte. — Placenta avec une caduque.

8. Rongeurs, Glires.

$\frac{1\ (2)}{1}\ \frac{0}{0}\ \frac{2-6}{2-6}$; 1. sans racine, se taillant elles-mêmes en biseau ; molaires à replis transversaux; « denture temporaire » rudimentaire. Le condyle du maxillaire inférieur, comprimé latéralement, et, par suite, à grand axe antéro-postérieur, ne permet, par son articulation avec le temporal, qu'une mastication d'avant en arrière. Les sutures crâniennes persistent toujours très longtemps ; l'occipital est large et vertical. Clavicule faiblement développée ; 3 vertèbres sacrées. Doigts munis de griffes, plus rarement d'ongles bombés semblables à des sabots. L'estomac est quelquefois divisé en chambres ; le cæcum a, la plupart du temps, une longueur considérable. Encéphale petit, avec des hémisphères presque lisses. Placenta discoïde. Plusieurs montrent le phénomène de l'inversion des feuillets pendant les premières phases de la vie embryonnaire.

On peut considérer comme les ancêtres des Rongeurs les *Tillodontes* de l'Eocène de l'Amérique du Nord : Canines encore présentes, mais, au moins une 1 est une véritable dent de Rongeur. Le cerveau était, chez eux, petit et lisse. — **Tillotherium** $\frac{2.1.3.3}{2.1.2.3}$. On divise les vrais Rongeurs actuels en : *Sciuromorphes* : **Sciurus vulgaris**, Ecureuil. **Castor fiber**, Castor commun. — *Myomorphes* : **Mus musculus**, Souris. **M. decumanus**, Surmulot. — *Hystriomorphes* : **Hystrix**, Porc-Epic. **Hydrochœrus capybara**, Cabiai du Sud de l'Amérique (17). — *Lagomorphes* : $\frac{2}{1}$. **Lepus timidus**, Lièvre (v. page 20).

9. Edentés (Bruta).

C'est un groupe très riche en formes variées. Les genres, d'ailleurs peu nombreux, qui le constituent présentent les adaptations les plus singulières. Denture consistant, le plus souvent, uniquement en molaires prismatiques, sans émail, ces dernières pouvant même faire défaut ; les germes de remplacement ne parviennent jamais à percer la gencive. Griffes falciformes, comprimées. Peau couverte de poils, d'écailles cornées ou revêtues d'une cuirasse osseuse. De 3 à 9 vertèbres sacrées. Clavicule bien développée. Quelques-uns possèdent des réseaux admirables. Sauf l'Orycteropus et le Manis, ils vivent tous en Amérique. On en connaît les restes fossiles à partir de l'Eocène.

Vermilingues, Fourmiliers. Langue vermiforme, excessivement longue et très protractile. **Myrmecophaga jubata**, Tamanoir à crinière de l'Amérique du Sud. **Manis**, Pangolin, corps recouvert d'écailles larges et cornées par accolement des poils.

Tardigrades, Paresseux, au crâne tronqué en avant. Arcade zygomatique incomplète ; l'os malaire possède une grosse apophyse descendante. Molaires $\frac{3}{4}$, cylindriques. **Bradypus tridactylus**, Ay-Ay. Brésil.

Gravigrades, Herbivores Phytophages gigantesques, éteints, qui étaient pourvus d'une queue épaisse et longue servant d'appui. $\frac{0.0.5-4}{0.0.4-3}$ — **Megatherium** (18). **Mylodon** (19).

Cingulés. Les téguments de la région dorsale forment des plaques osseuses solides constituant une véritable cuirasse. Cerveau très petit. Les Cingulés fossiles, tels que les géants Glyptodontes, possédaient des vertèbres dorsales, toutes soudées entre elles ; les vertèbres lombaires ne formaient qu'un avec le sacrum. **Glyptodon** (20 et 21). **Dasypus** ; **Tatusia**, Tatou.

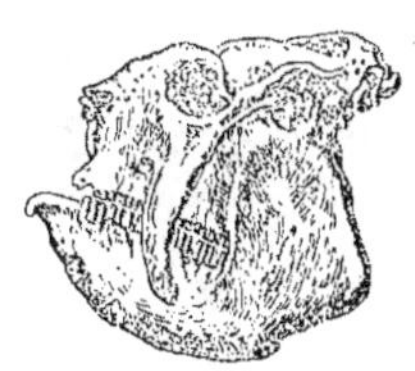

20. **Glyptodon reticulatus**. Formation des Pampas. République Argentine. 1/13.

21. **Glyptodon reticulatus**. Molaires de la mâchoire inférieure.

D). ***Ongulés***, Animaux à sabots. Denture diphyodonte ; molaires bunodontes ou lophodontes. Le bord orbitaire n'est pas complet ; il est généralement ouvert (non fermé) à sa partie postérieure. Pas de clavicules. Hémisphères présentant le plus souvent des circonvolutions. Placenta sans caduque.

10. Condylarthres.

Ce sont les ancêtres les plus anciens des animaux à sabots ; on en connaît de nombreuses formes fossiles : Cerveau petit et lisse ; $\frac{5}{5}$ doigts ; « dents à racines » bunodontes ; queue longue. Tous ont été trouvés dans le Tertiaire le plus ancien de l'Amérique du Nord. — Ils ont eu probablement eux-mêmes les *Créodontes* pour aïeux.

Phenacodus (22 et 25). Crâne surbaissé pourvu d'os nasaux longs. De grands lobes olfactifs ; un grand cerveau postérieur, mais de petits hémisphères. La denture prouverait que ces animaux étaient omnivores, leur taille variant entre celle du dogue et celle du tapir.

Les *Condylarthres* ont eu pour descendants les ***Toxodontes***, que l'on a rencontrés dans le Tertiaire et jusque dans le Diluvien de l'Amérique du Nord : **Toxodon, Nesodon**, ainsi que les ***Amblypodes***, qui se trouvent exclusivement dans l'Éocène de l'Amérique du Nord : **Dinoceras** (24). Ces deux Ordres contiennent des

22. **Phenacodus primaevus**. Éocène inférieur de l'Amérique du Nord. D'après Cope.

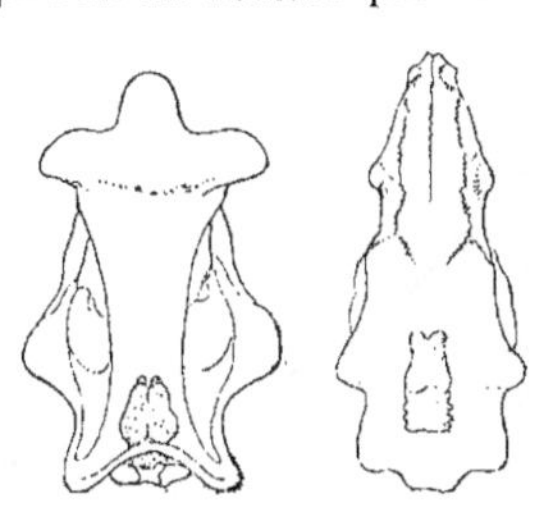

23. **Titanotherium ingens**. 24. **Dinoceras mirabile**. Crânes très réduits. Les cerveaux fossilisés aussi et extrêmement petits sont indiqués par les parties ponctuées. D'après Marsh.

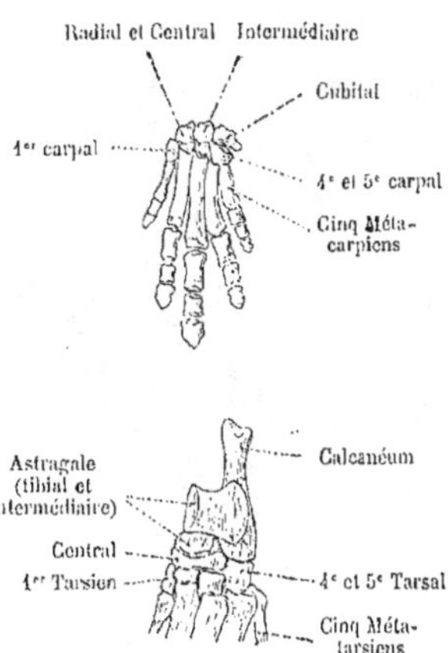

25. Pied antérieur et pied postérieur gauches de **Phenacodus primaevus**.

espèces gigantesques, mais chez lesquelles le cerveau était très petit.

Il convient de considérer comme représentant une branche latérale de la souche des « Condylarthres » les *Hyracoïdes* dont un genre est actuel, l'**Hyrax**.

11. Proboscidiens.

Animaux de grande taille à 5 doigts ou pentadactyles, à trompe longue et mobile, qui ont apparu pour la première fois dans le Miocène supérieur de l'*ancien* Monde ; ils ont ensuite émigré vers l'Amérique du Nord et jusque dans l'Amérique du Sud, où ils se sont éteints dans le Diluvium. — Une seule paire de fortes incisives (Défenses), tantôt aux deux mâchoires, tantôt seulement à l'une d'elles : les canines font défaut ; les molaires sont lophodontes, la plupart du temps composées de nombreuses lames formant des espaces rhombiques transversaux entourés par de l'émail. Le crâne est volumineux, par suite de la présence de grosses cavités pleines d'air qui sont creusées dans le Diploé des os frontaux et pariétaux. — Les formes les plus anciennes étaient encore courtes sur jambes.

Dinotherium (26-27), dans le Miocène de l'Europe et des Indes orientales : les incisives supérieures manquent. — **Mastodon**, dans l'ancien et le nouveau Monde. Denture temporaire $\frac{1}{1-0} \frac{0}{0} \frac{3}{3}$; Denture définitive $\frac{1}{1-0} \frac{0}{0} \frac{3-0,3}{3-0,3}$. — **Elephas**, Éléphant : Les *molaires* se développent lentement et sont remplacées, à mesure qu'elles s'usent, par de nouvelles molaires : chez l'éléphant indien (29), la première dent de lait apparaît au 3e mois : la deuxième pendant la seconde année ; D_3, pendant la neuvième ; M_1, pendant la quinzième ; M_2, pendant la vingtième, de telle sorte que, dans chaque mâchoire, 2 molaires au maximum fonctionnent en même temps. **E. primigenius**, Mammouth, dont la peau avait une épaisse fourrure. **E. indicus**, **E. africanus**.

12. Périssodactyles, Ongulés imparigidités.

Cet Ordre tend à disparaître ; les Mammifères qui le composent ont vraisemblablement pour ancêtres des animaux semblables à Phenacodus. Ils ont apparu tout d'abord dans l'Eocène inférieur de l'Amérique du Nord et de l'Europe, mais ils se sont,

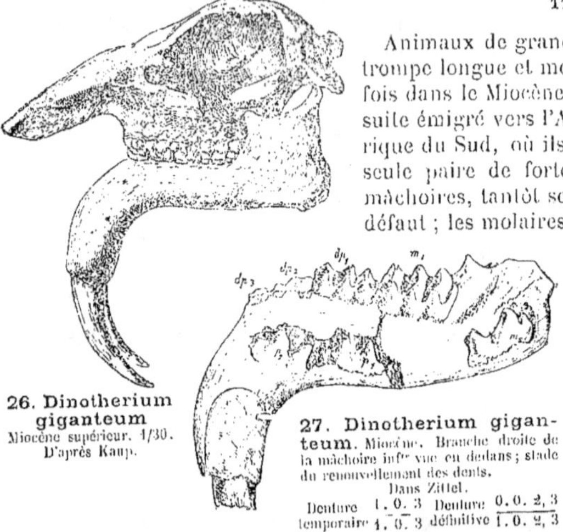

26. Dinotherium giganteum
Miocène supérieur. 1/30.
D'après Kaup.

27. Dinotherium giganteum. Miocène. Branche droite de la mâchoire inf^re vue en dedans ; stade du renouvellement des dents.
Dans Zittel.
Denture $\frac{1.0.3}{1.0.3}$ temporaire Denture définitive $\frac{0.0.2,3}{1.0.2,3}$

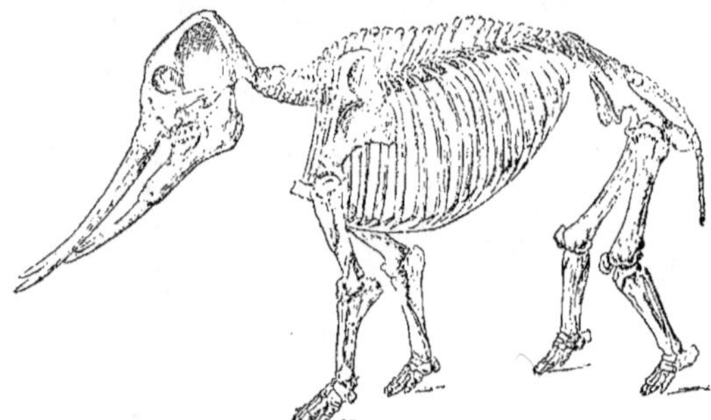

28. Mastodon angustidens. D'après Gaudry. Miocène supérieur. 1/50.

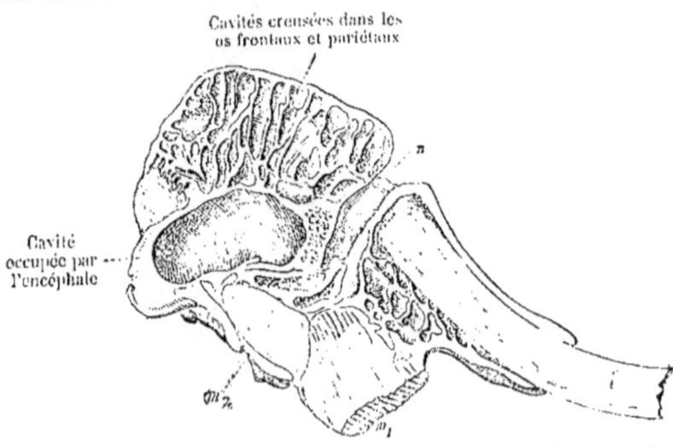

29. Crâne d'Elephas indicus ; coupe médiane effectuée avec la scie. Dans Zittel. *n* : Narine.

de nos jours, presque exclusivement cantonnés dans l'ancien Monde. Le doigt médian prédomine par sa longueur ; les doigts sont généralement au nombre de $\frac{3-4}{3}$; quelquefois, au nombre de $\frac{4}{4}$. Molaires, primitivement hétérodontes et bunodontes (molaires d'Omnivores) ; le plus souvent, cependant, déjà, homoiodontes et lophodontes. *Tapiridés* $\frac{3.1.4-3,3}{3.1.4-3,3}$. Molaires brachyo-

dontes (dents à racines). 4 doigts antérieurs ;
3, aux membres postérieurs. — **Lophiodon,**
dans l'Eocène de l'Europe et de l'Amérique
du Nord. — **Tapirus,** $\frac{3.1.4.3}{3.1.3.3}$, (32), dans les
deux Mondes.

Rhinocéridés. Incisives et canines font souvent défaut. — **Rhinocéros** $\frac{1.0.4,3}{1.1.3,3}$. Indes.

Equidés, Chevaux, $\frac{3.1.i\ \ 3,3}{3.1.4-3,3}$; les
molaires présentent une tendance
à l'Homœiodontie (Isodontie, uniformité des dents) ; dents à l'origine à plusieurs racines, paraissent
aussi vouloir se transformer insensiblement en molaires « sans
racines » (hypsélodontes), hautes
et prismatiques. Les modifications
évolutives de ces dents sont le résultat d'une adaptation au genre
de nourriture des Equidés : fourrage vert, mélangé de terre et de
gravier ; ces derniers provoquent
leur usure rapide (Les prairies ont
apparu à l'époque miocène). En
même temps, il se produit une réduction des phalanges et des os du métatarse (33).

Hyracotherium, aux molaires bunodontes ;
dans l'Eocène inférieur du nouveau Monde. —
Palaeotherium, dans l'Eocène et le Miocène
de l'Amérique du Nord et de l'Europe (30-31).

Anchitherium (Mesohippus) ressemblant encore beaucoup au Palaeotherium. **Hipparion**
(Hippotherium) dans le Pliocène ; très élégant,
de la taille d'un âne ; les doigts postérieurs ou
latéraux ne reposent plus sur le sol. — **Equus
caballus,** Cheval (35), $\frac{3.1.3.3}{3.1.3.3}$.

Titanotherium (Ongulés lourds, rappelant
les tapirs) (page 111), **Macrauchenia** (de l'Amérique du Sud ; forme au cou allongé, intermédiaire entre le tapir et les Equidés), deux représentants de familles parentes entre elles.

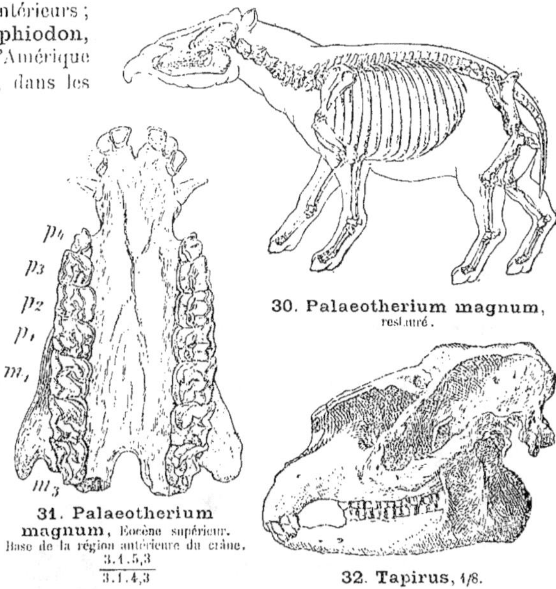

30. Palaeotherium magnum,
restauré.

**31. Palaeotherium
magnum,** Eocène supérieur.
Base de la région antérieure du crâne.
$\frac{3.1.5,3}{3.1.4,3}$

32. Tapirus, 1/8.

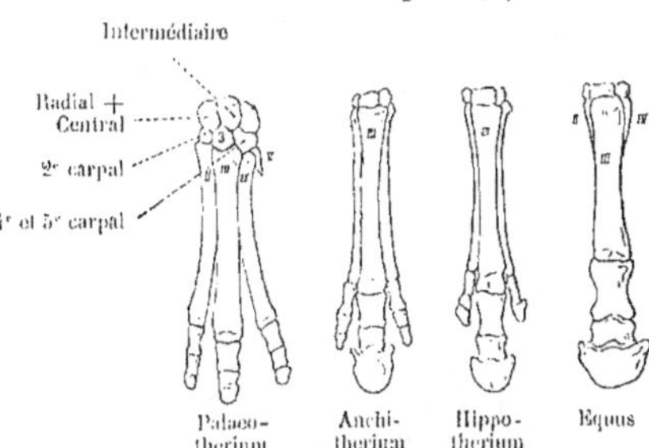

33. Pieds gauches de devant.

13. **Artiodactyles**, Ongulés paridigités.

Leurs formes primitives ont fait leur apparition dans l'Éocène de l'Amérique du Nord ; vers la fin de l'Éocène, on les retrouve pour la première fois en Europe. Ils ont enfin atteint leur apogée dans la longue période qui s'est écoulée depuis la fin du Tertiaire jusqu'à nos jours.

Le 3ᵉ et le 4ᵉ doigt sont beaucoup plus longs que les deux externes. La clavicule fait défaut. Le radius et le cubitus sont souvent soudés ; il en est de même du tibia et du péroné. Denture complète ; toutefois, à la mâchoire supérieure notamment, les incisives et les canines peuvent manquer. Molaires bunodontes, bunolophodontes ou sélénodontes ; originellement, ces animaux possédaient 44 dents.

Anthracothériens $\frac{3.1.4.3}{3.1.4.3}$, à 4 doigts. Dans l'Éocène supérieur, et jusque dans le Miocène. **Anthracotherium**. Ils ont eu pour descendants les membres de la famille suivante :

Suidés, Cochons. — **Sus**, paléarctique ; incisives inférieures : sans racines, allongées, et dirigées obliquement en avant. Denture bunodonte (omnivore) : Denture temporaire $\frac{3.1.3}{3.1.3}$; denture définitive $\frac{3.1.4.3}{3.1.4.3}$. — **Phacochœrus**, africain (34). — **Babirussa**, $\frac{2.1.2.3}{3.1.2.3}$, de Bornéo. — **Dicotyles**, américain, $\frac{2.1.3.3}{3.1.3.3}$.

Hippopotamidés : **Hippopotamus amphibius**, Cheval du Nil, $\frac{2-3.1.4.3}{1-3.1.4.3}$.

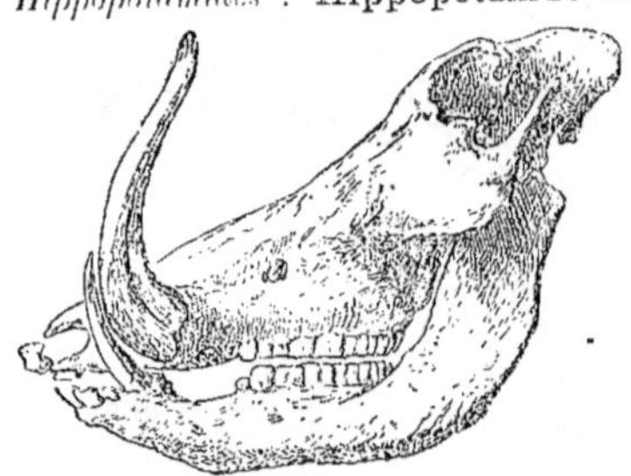

34. **Phacochœrus Aeliani**. D'après Selenka.

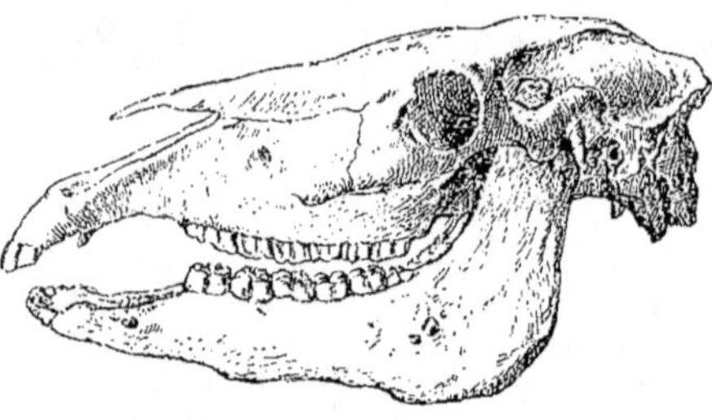

35. **Equus caballus**, mâle. D'après Selenka.

Anaplothéridés, dans l'Éocène et jusque dans le Miocène moyen de l'Europe. Denture encore complète ; les molaires font déjà pressentir les dents (sélénobunodontes) des Ruminants. **Anaplotherium. Dichobune**, et d'autres.

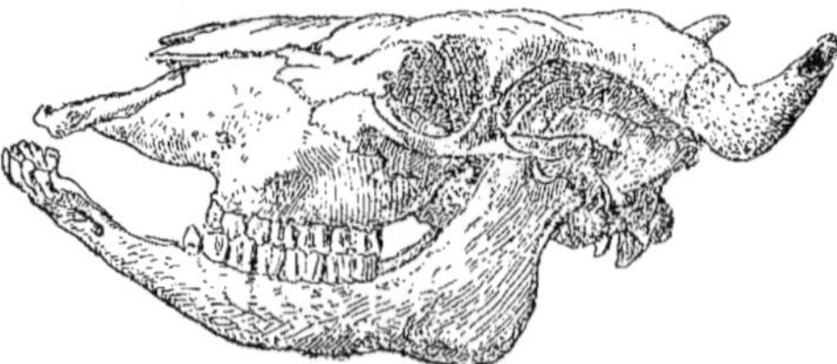

36. Crâne d'**Hippopotamus amphibius**. D'après Cuvier.

37. **Bos taurus**. D'après Selenka.

Les trois Familles suivantes constituent le sous-ordre des Artiodactyles *ruminants* ; on a affaire chez elles à un estomac divisé en 4 chambres qui, à vrai dire, se laissent réduire à 3 : la Panse et le Bonnet, le Feuillet et la Caillette ; les deux premières parties présentent un épithélium corné. Les aliments qui se sont ramollis dans la Panse et le Bonnet, sont régurgités et soumis à une seconde mastication plus complète ; celle-ci terminée, les aliments passent cette fois seulement dans le feuillet (40). Molaires sélénodontes, dont la surface masticatrice est pourvue de replis d'émail semilunaires, disposés par paire et au nombre total de 4 par dent.

Camélidés ; denture réduite.—**Camelus** $\frac{1.1.3,3}{3.1.2,3}$ — **Auchenia lama,** $\frac{1.1.2.3}{3.1.2.3}$.

Cavicornes, groupe habitant l'ancien monde, ayant fait son apparition dans le Miocène supérieur ; ces animaux présentent sur le frontal des chevilles osseuses dont la peau produit les cornes proprement dites ; généralement, les deux sexes en possèdent. $\frac{0.0.3,3}{3.1.3,3}$, molaires prismatiques. La première chambre stomacale est divisée en deux parties (Panse et Bonnet). Placenta cotylédonaire multiplex. **Bos taurus,** Bœuf. — **Ovis aries,** Mouton. — **Antilope.** Ils atteignent de nos jours leur apogée.

Cervidés, $\frac{0.0-1.3,3}{3.1.3(4),3}$. Molaires sélénodontes, basses, à plusieurs racines ; par suite, le crâne paraît effilé. — **Cervus elaphus,** Cerf. — **Sivatherium,** du Miocène supérieur ; forme ancestrale de notre **Camelopardalis giraffa,** Girafe.

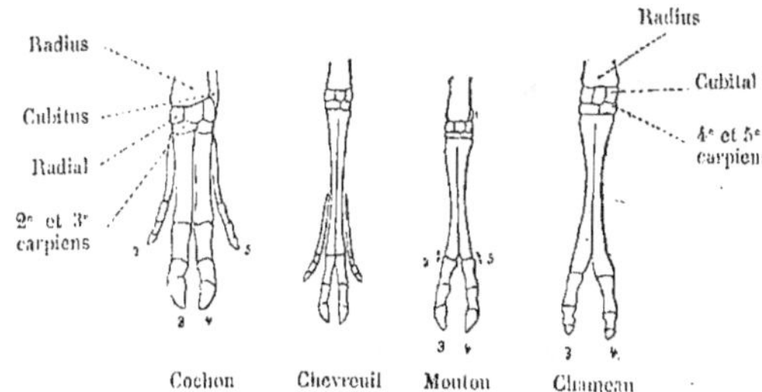

38. Pieds de devant gauches.
Rangée proximale (supérieure) des osselets du carpe : cubital, intermédiaire et radial ; rangée distale (inférieure) : carpiens 2e + 3e et 4e + 5e.

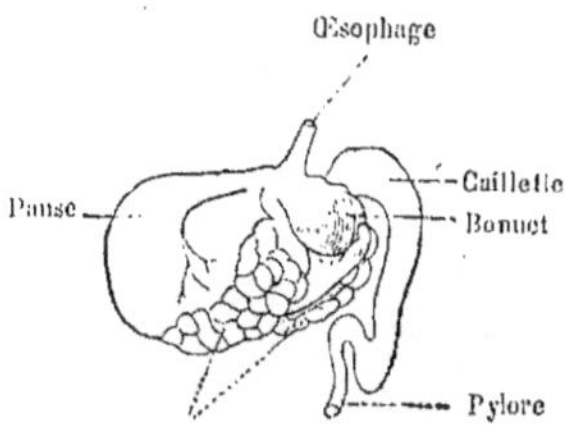

39. Estomac d'un **Chameau.**
D'après Gegenbaur.

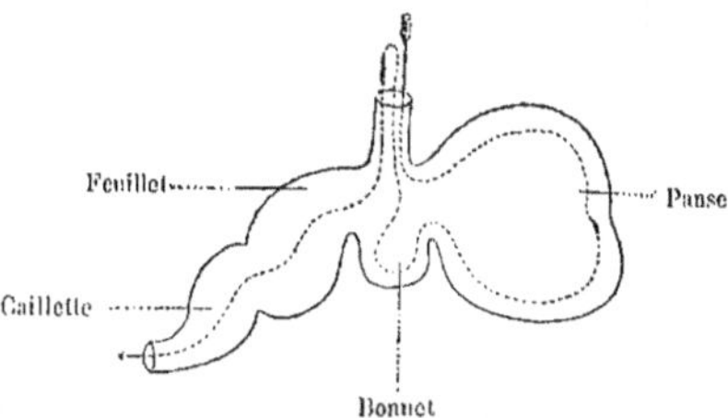

40. Schéma de l'estomac des **Ruminants.**
La flèche indique la marche que suivent les aliments.

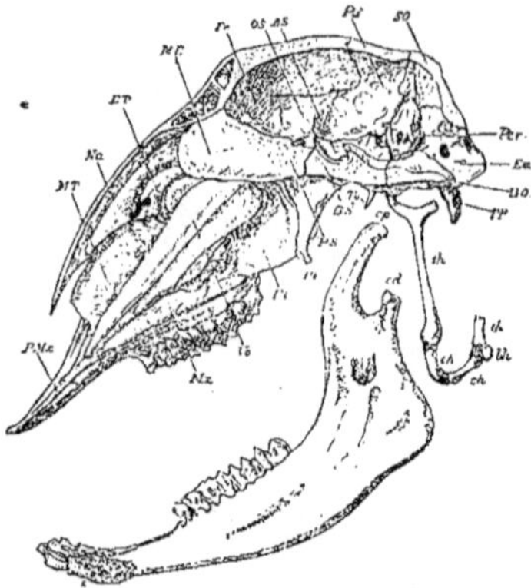

41. Crâne d'un **Mouton** sans corne, en coupe longitudinale et médiane. D'après Flower.

As Alisphénoïde.
Bo Basioccipital.
Bs Basisphénoïde.
cd Condyle.
cp Apophyse coronoïde.
ET Cornets de l'ethmoïde.
Exo Occipital latéral.
Fr Frontal, avec des cavités pleines d'air.
ME Mésethmoïde.
MT Cornet des fosses nasales.
Mx Maxillaire supérieur.
Na Nasal.
OS Orbitosphénoïde.

Pa Pariétal.
Per Rocher.
Pl Palatin.
PMx Intermaxillaire.
pp Apophyse paroccipitale.
PS Présphénoïde.
Pt Ptérygoïde.
s Symphyse de la mâchoire inférieure.
sh Os hyoïde.
SO Susoccipital.
Ty Apophyse styloïde du rocher.
Vo Vomer.

E. *Simiens*, Singes. Denture d'Omnivores ou de Frugivores. Placenta avec une caduque.

14. Prosimiens.

Ce sous-ordre comprend des Mammifères qui montrent encore, par certains côtés, une organisation primitive. La *denture* est le plus souvent complète ; elle répond à celle d'Omnivores ou de Frugivores : les Molaires supérieures sont bunolophodontes, à 3 ou 4 tubercules aigus ; les Prémolaires sont plus simples. La cavité orbitaire n'est séparée des fosses temporales que par une très petite crête osseuse ; les os nasaux sont allongés, et le museau l'est par suite. Les extrémités de leurs doigts sont munies de griffes ou d'ongles. Le cerveau présente un faible développement et de rares circonvolutions. — Ce groupe, aujourd'hui à son déclin, a fait son apparition dans l'Éocène de l'Europe et de l'Amérique du Nord ; il est, de nos jours, représenté exclusivement dans l'île de Madagascar ; toutefois, on rencontre quelques-uns de ses membres isolés dans l'Afrique et dans les Indes. Ce sont des animaux crépusculaires et nocturnes.

Lemur $\frac{2.1.3.3}{2.1.3.3}$, Madagascar. — **Stenops** ; **Tarsius**, Îles de la Sonde. — **Chiromys**, Cheiromys, $\frac{1.0.1.3}{1.0.0.3}$.

15. Primates.

Animaux grimpeurs et marcheurs, dont le pouce est opposable, et qui possèdent aux quatre membres de grands doigts ; les dernières phalanges sont pourvues d'ongles. Ce sont des Plantigrades dont les pieds peuvent cependant ne toucher le sol que par leur bord externe. I.$\frac{2}{3}$; molaires bunodontes ; celles d'en haut, comme celles d'en bas, possèdent généralement quatre tubercules ; les supérieures en présentent quelquefois seulement trois. Les Orbites, dirigées en avant, sont complètement séparées de la fosse temporale ; 1-2 vertèbres sacrées, 4-5 chez les formes les plus élevées. Cerveau grand, avec nombreuses circonvolutions. Deux mamelles pectorales munies chacune d'un mamelon. Placenta avec une caduque. Dans le Miocène, déjà, ont vécu des Primates hautement différenciés.

Platyrrhiniens, Américains ; les narines écartées et séparées l'une de l'autre par une cloison cutanée épaisse s'ouvrent latéralement $\frac{2.1.3.3}{2.1.3.3}$; en tout, 36 dents. Une longue queue prenante. Placenta discoïde. — **Cebus capucinus**, Sajou capucin. **Mycetes niger**, Hurleur noir. — **Hapale**, Singe à griffes $\frac{2.1.3.2}{2.1.3.2}$; le gros orteil seul porte un ongle plat.

Catarrhiniens, Singes de l'ancien monde, dont la cloison nasale est étroite $\frac{2.1.2.3}{2.1.2.3}$ = 32 dents.

Singes pourvus d'une queue, avec un placenta bi-discoïde : **Cercopithecus sabaeus**, Guenon, dans l'Afrique Orientale. **Cercocebus cynomolgus**, Macaque commun, singe de Java. **Cynocephalus hamadryas**, Cynocéphale Hamadryas ou Tartarin, habite l'Abyssinie.

Anthropomorphes, Singes ressemblant à l'homme ; ils n'ont pas de queue ; le sacrum se compose de 4-5 vertèbres soudées entre elles. Placenta discoïde avec caduque réfléchie. **Dryopithecus**. dans le Miocène de l'Allemagne et de la France (42, A). **Pithecus satyrus**, Orang-Outang, aux races variées à l'égal des races humaines ; Bornéo et Sumatra. **Troglodytes niger**, Chimpanzé, **Gorilla engena** ; les deux, africains. **Hylobates**, Gibbon, vit dans les Indes Orientales ; il court très adroitement sur ses jambes de derrière. Un genre très voisin du précédent est le genre **Pithecanthropus** de Java, fossile découvert nouvellement dans le Pliocène récent ; la capacité de son crâne atteignait 800 c.c.

Anthropoïdes ; à station verticale. **Homo sapiens** : « nosce te ipsum », Ils se divisent en 3 groupes principaux : le noir, le jaune et le blanc, qui, à leur tour, se subdivisent en Races.

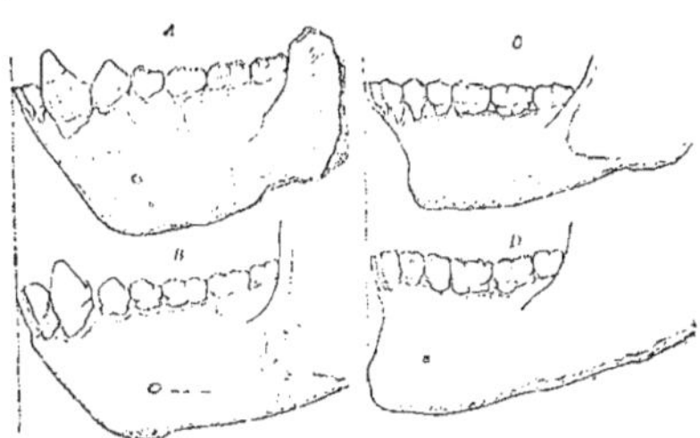

42. *Mâchoire inférieure de*
A. **Dryopithèque**, du Miocène supérieur,
B. **Chimpanzé**,
C. **Venus des Hottentots**,
D. **Indo-européen**. — D'après Gaudry.

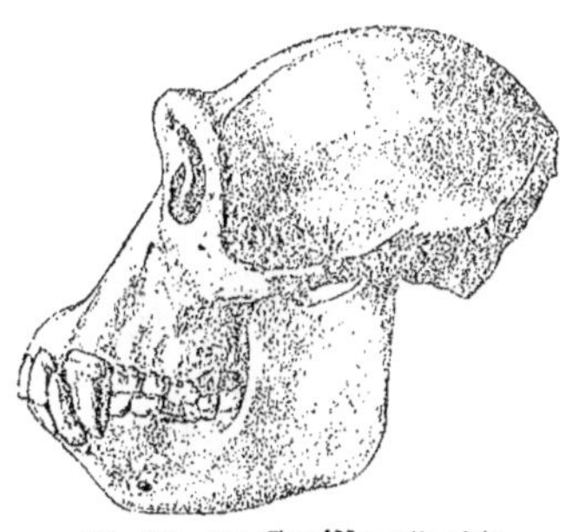

43. Crâne d'un **Gorille** mâle adulte.

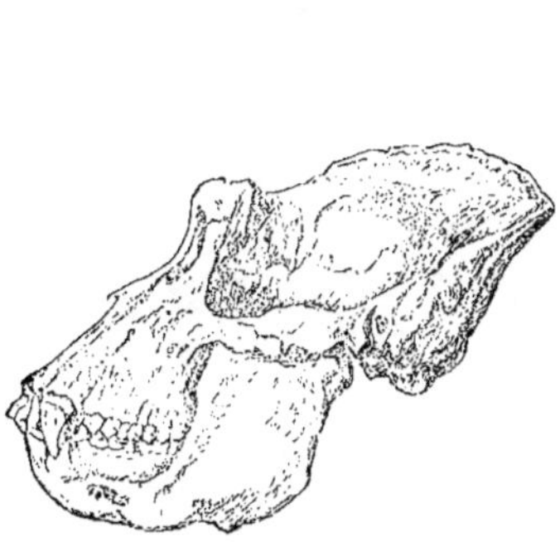

44. Crâne d'un vieux **Chimpanzé** mâle.

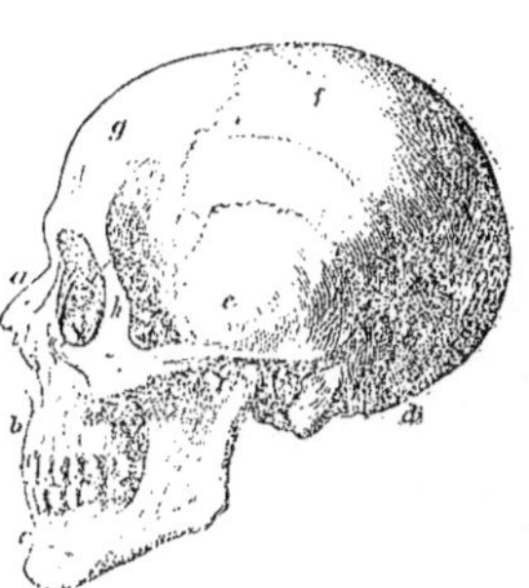

45. Crâne humain.

a Nasal	e Temporal
b Maxillaire supérieur	f Pariétal
c Maxillaire inférieur	g Frontal
d Occipital	h Malaire

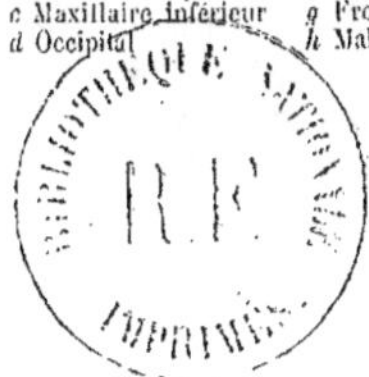

6 November 1845 [illegible]